全国船舶与海洋工程设计院（公司）手册

Handbook of China Ship and Offshore Design Institute (company)

天海融合防务装备技术股份有限公司 编著

承办单位

上海研途船舶海事技术有限公司

协办单位

上海衡拓船舶设备有限公司

潍柴重机股份有限公司

中国船舶重工集团公司第七一一研究所

广西玉柴机器股份有限公司

铃木（中国）投资有限公司上海分公司

采埃孚销售服务（中国）有限公司

湖南湘电动力有限公司

汇编整理

《船舶设计师》杂志编辑部

哈尔滨工程大学出版社
Harbin Engineering University Press

内容简介：

本书收录了101家船舶与海洋工程设计单位的相关信息，这些单位包括船舶总体设计院、设备研究所、船厂设计所、民营设计公司、高校重点实验室等与船舶和海洋工程设计相关的机构。涵盖单位介绍、设计能力、优秀船型推荐、联系方式等内容。全书图文并茂，内容翔实，是从事船舶设计、船舶贸易、船舶设备供应等工作人员必备的工具书。

图书在版编目（CIP）数据

全国船舶与海洋工程设计院（公司）手册 / 天海融合防务装备技术股份有限公司著 . — 4 版 . — 哈尔滨：哈尔滨工程大学出版社，2022.1

ISBN 978-7-5661-3407-3

Ⅰ . ①全… Ⅱ . ①天… Ⅲ . ①船舶设计 - 手册②海洋工程 - 手册 Ⅳ . ① U662-62 ② P75-62

中国版本图书馆 CIP 数据核字 (2022) 第 014742 号

全国船舶与海洋工程设计院（公司）手册
QUANGUO CHUANBO YU HAIYANG GONGCHENG SHEJIYUAN(GONGSI) SHOUCE

选题策划：周长江
责任编辑：薛　力　王　宇
封面设计：陈芳杰

出版发行：哈尔滨工程大学出版社
社　　址：哈尔滨市南岗区南通大街 145 号
邮政编码：150001
发行电话：0451-82519328
传　　真：0451-82519699
经　　销：新华书店
印　　刷：上海普顺印刷包装有限公司
开　　本：889 mm × 1 198 mm　1/32
印　　张：11.75
字　　数：268 千字
版　　次：2022 年 1 月第 1 版
印　　次：2022 年 1 月第 1 次印刷
定　　价：198.00 元
网　　址：//www.hrbeupress.com
邮　　箱：heupress@hrbeu.edu.cn

出品：船海书局
网址：www.ship-press.com
告读者：如发现本书有印装质量问题请与船海书局发行部联系。
服务热线：4008670886

《全国船舶与海洋工程设计院（公司）手册》编委会

编辑说明

第四版《全国船舶与海洋工程设计院（公司）手册》（简称《手册》）即将正式出版。本手册由天海融合防务装备技术股份有限公司主办，上海研途船舶海事技术有限公司承办，船海书局策划，并由哈尔滨工程大学出版社出版。收录了船舶总体设计院、设备研究所、船厂设计所、民营设计公司、高校重点实验室等与船舶和海洋工程设计相关的机构的信息，涵盖单位介绍、设计能力、优秀船型推荐、联系方式等内容。全书图文并茂，内容翔实，是从事船舶设计、船舶贸易、船舶设备供应等工作人员必备的工具书。

《船舶设计师》杂志编辑部承担本手册汇编整理工作。同时，我们也邀请了船舶设计师理事会的部分成员单位担任本手册的编委会成员，为本手册的汇编工作提供专业指导。在此，我们一并向本手册的编委会成员单位致谢！

本手册编写方法采用行政地域分类法。按照地域划分为华东片区（上海、浙江、江苏、福建、安徽）、华南片区（广东、广西）、长江中上游片区（湖北、重庆）、环渤海片区（北京、天津、山东、辽宁）4个片区，13个省（直辖市），共计介绍了101家单位。

本手册汇编收录原则是从实际使用需要出发，不仅介绍了101家船舶与海洋工程设计单位的基本信息、设计能力、研发成果，还突出介绍了这些单位推送的主流船型。主要船型涉及液货船、散货船、集装箱船、客船及滚装船、海洋工程船、海上油气开采装备、邮轮游艇以及其他海上结构物。本手册部分重点单位或重点船型采用中英文对照方式介绍，方便国外读者阅读。

本手册具有很强的实用性，是从事船舶设计、施工建造与管理、设备选型、设备采购等工作的专业人士的理想工具书。希望本手册能够对展示我国当前船舶设计总体实力、加强船舶设计单位之间的交流和沟通、推动船舶设计向自主创新转型升级起到一些实质性的作用。

非常感谢本手册的入编单位和船舶设备企业，他们提供了详细而准确的单位信息、产品信息和船型资料，为手册的编写工作提供了有力支持。也要感谢《船舶设计师》杂志编辑部信息采集小组所有成员，正因为有他们认真而细致的工作，手册的内容才更加丰富。最后还要感谢哈尔滨工程大学出版社的编辑们对手册的编写工作给予的热心指导，并在出版环节进行严格把关，手册质量才有了保障。由于时间仓促，加之编者水平有限，不足之处，敬请各位读者批评和指正。

天海防务技术中心

2021年10月

目录 CONTENTS

全国船舶与海洋工程设计院（公司）手册

Handbook of China Ship and Offshore Design Institute(company)

NICESEA ELECTRIC
广州·瞰海

毅联实业（上海）有限公司致力于发动机涡轮式气启动马达及系统的研发和制造。产品应用于舰船发电及主推、煤矿、油田、特种车辆、陆用发电机组等发动机的启动。

毅联涡轮式气启动马达是基于大量实际应用工程经验而开发设计的，设计理念注重实用性,产品结构功能符合现场使用条件和特点,能够充分满足各种使用场合的启动要求。产品可靠性和使用寿命远远高于产品行业标准规定。

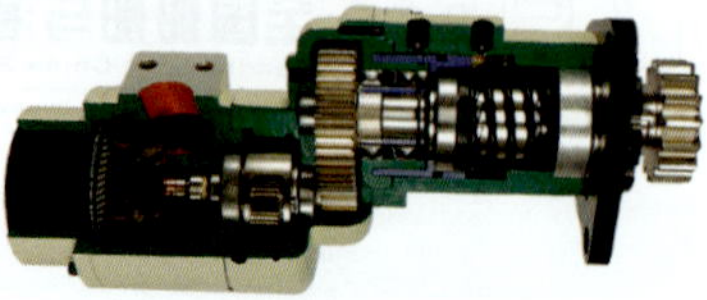

涡轮式气启动马达

T100系列——启动发动机排量可达12 L

部分适配发动机:

CUMMINS 6CT5.9	DEUTZ F6L413
PERKINS 1006-6	CATERPILLAR C7
潍柴 WP10	玉柴 YC6A

T300系列——启动发动机排量可达 40L

部分适配发动机:

CUMMINS K38	斯堪尼亚DL16
MTU 2000	VOLVO D13
博杜安M33	河柴 234

T500系列——启动发动机排量可达120 L

部分适配发动机:

CUMMINS QSK95	MAN L21/31
MITSUBISHI SR16	潍柴重机CW200
玉柴12VC	河柴 620

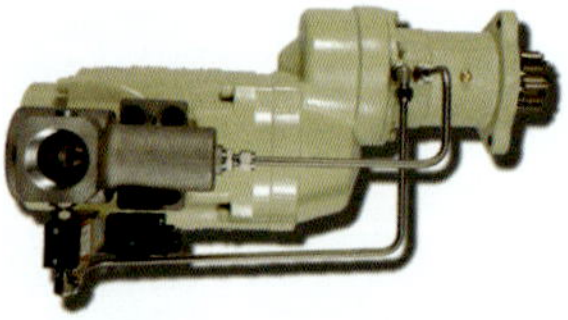

T900系列——启动大发动机排量可达320 L

部分适配发动机:

MAN 27/38	中车16V280
淄柴8300	陕柴PA6B
潍柴20V260	卡特G3616

毅联实业

ELLEM INDUSTRIAL

毅联实业（上海）有限公司

地址：上海市嘉定区南翔镇真南路4929号古猗大厦701室

电话：021-69919570　传真：021-69919556

网址：www.ellem.cn　电邮：info@ellem.cn

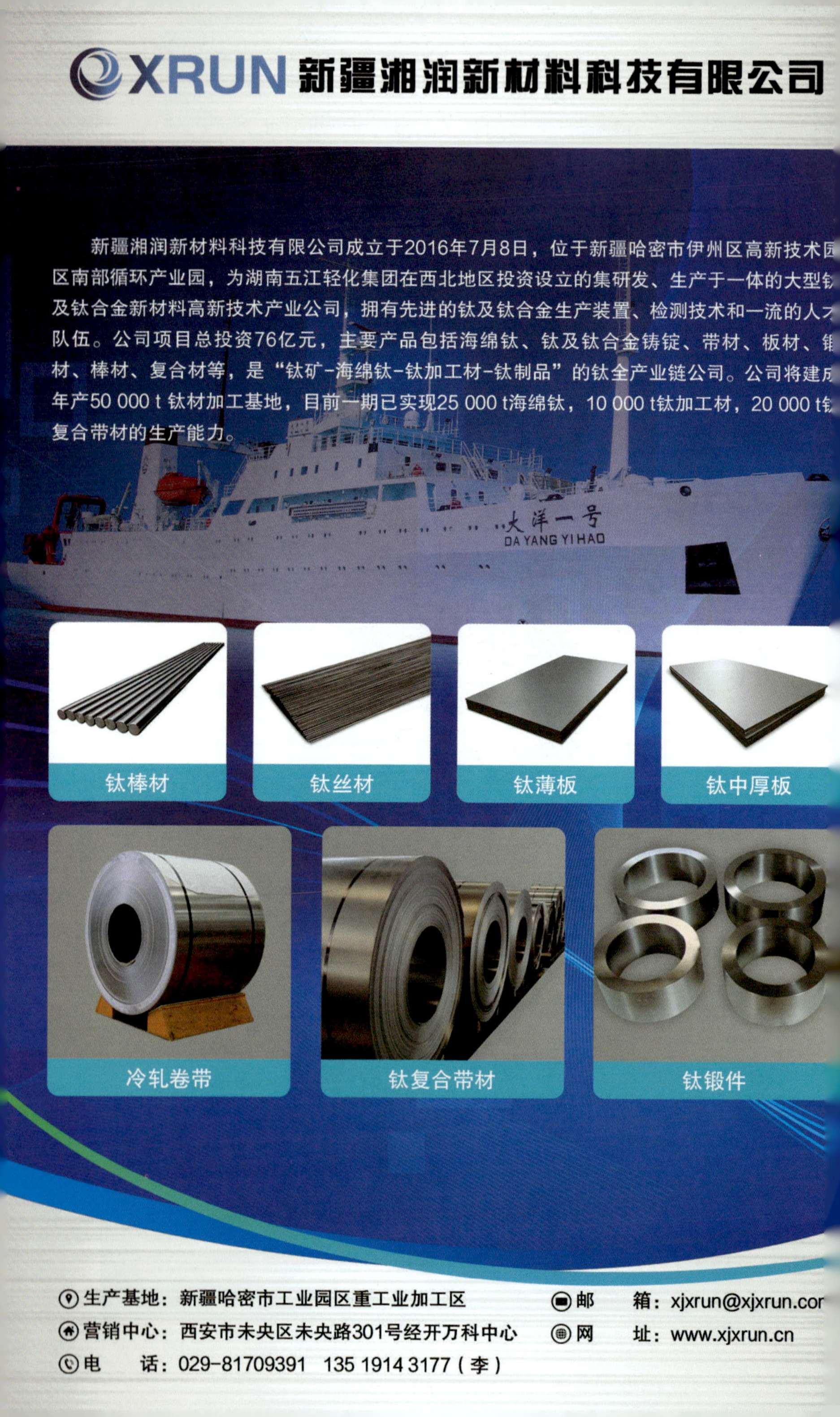
XRUN 新疆湘润新材料科技有限公司
新疆湘润新材料科技有限公司成立于2016年7月8日，位于新疆哈密市伊州区高新技术园
区南部循环产业园，为湖南五江轻化集团在西北地区投资设立的集研发、生产于一体的大型钛
及钛合金新材料高新技术产业公司，拥有先进的钛及钛合金生产装置、检测技术和一流的人才
队伍。公司项目总投资76亿元，主要产品包括海绵钛、钛及钛合金铸锭、带材、板材、锻
材、棒材、复合材等，是“钛矿-海绵钛-钛加工材-钛制品”的钛全产业链公司。公司将建成
年产50 000 t 钛材加工基地，目前一期已实现25 000 t海绵钛，10 000 t钛加工材，20 000 t钛
复合带材的生产能力。
大洋一号
DA YANG YI HAO
钛棒材
钛丝材
钛薄板
钛中厚板
冷轧卷带
钛复合带材
钛锻件
生产基地：新疆哈密市工业园区重工业加工区
营销中心：西安市未央区未央路301号经开万科中心
电　话：029-81709391　135 1914 3177（李）
邮　箱：xjxrun@xjxrun.cor
网　址：www.xjxrun.cn

天津市金浩海洋环保科技发展有限责任公司

天津市金浩海洋环保科技发展有限责任公司是一家以生产独立知识产权专利产品为主要项目的公司，坐落于渤海之滨的天津海洋高新技术开发区，在这里汇集了一大批海洋环保科技领域的高新技术企业。1998年，本公司研制出了船用海水冷却管系内防海生物装置，并取得了国家实用新型专利证书。本公司主要生产防海生物装置和阴极保护装置两类产品，是中国最早生产研发此类产品的公司之一。公司成立20多年，先后为近300多条各型船舶提供了产品和防护，起到了良好的效果。

公司成立之初和有关科研单位、大学合作研制了HD系列电解重金属防污防腐装置，特别是2012年研制的防海生物产品获国家发明专利，同时船用阴极保护设备也获得了多项国家实用新型专利。

防海生物装置安装前

防海生物装置安装后

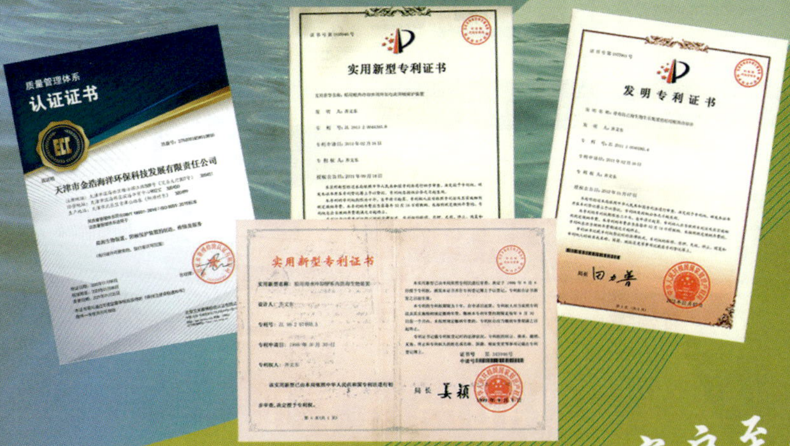

客户至上
诚信质量为本

地址：天津市滨海新区塘沽锦江路369号（交易大厅307号）
电话：13902184498　18202271458　　邮编：300451
传真：022-25212887　　联系人：齐文东

上海泷洋船舶科技有限公司

上海泷洋船舶科技有限公司（简称“泷洋科技”）位于东海之滨、滴水湖畔的上海自贸区临港新片区一临港海洋高新区，涉足船舶与海洋工程业务多年，是集常规电力推进系统、智能电力推进与智能船系统、软件开发、船舶自动化系统设计集成与工程、绿色新能源船舶、关键装备于一体的高新技术企业；是“智能新能源船舶技术创新产业联盟”理事单位，经济建设和国防建设融合发展全国理事会理事单位，上海市船舶与海洋工程学会理事单位，全国工商联&上海市商会会员单位，获得了临港新片区第一批所得税优惠企业认定。

泷洋科技通过了ISO 9001、ISO 45001、ISO 14001质量管理体系认证，获得14项授权专利等知识产权，目前还有多项发明专利在申请中。泷洋科技主要产品有：LY5000系列AFE变频器LYDAC1000系列纯电动推进系统；LY8000系列混合动力推进系统；LYZN2025-X系列智能船系统；Alabrain一体化智能航运平台系统和数字能源管理系统DEMS等。

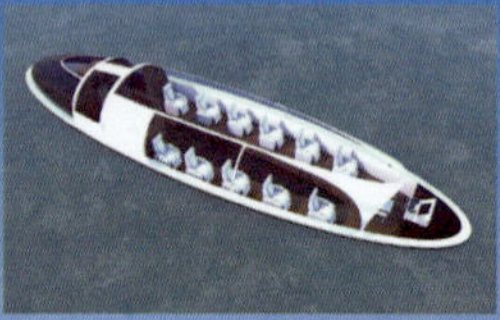

定制过低矮桥洞纯电动船

泷洋科技Alabrain™智能船一体化平台

上海泷洋船舶科技有限公司
SHANGHAI LOYOMAIE TECHNOLOGY CO.,LTD

地址(Add.)：上海市浦东新区海基六路218弄37号楼3F邮箱(Mail)： ly001.wang@lychuanbo.com
电　话(Tel)：13524620706　　网址(Web) www.lychuanbo.com

泷洋官方网站直达　关注泷洋官方微

——致力于成为智能电推与智能船控制系统行业引领

南通力威机械有限公司

南通力威机械有限公司主要从事海洋工程装备、各类型绞车、吊机、电气自动化集成控制等的设计、制造和服务。现有员工300余人，占地面积13万m²，总资产3亿多元。公司通过ISO 9001、ISO 45001、ISO 14001管理体系认证，产品获得CCS、ABS、LR、DNV-GL、BV、NK、RS等船级社认证，先后获得江苏省著名商标、江苏省名牌产品、江苏省重合同守信用企业、江苏省2A级质量信用企业等荣誉。

本公司是国家高新技术企业，建有“江苏省海洋作业平台系泊自动定位系统”工程技术研究中心、“江苏省海洋平台及船舶甲板装备”工程中心、江苏省企业技术中心。主导编制CB/T 3663—2013《移动式海洋平台锚泊定位装置》行业标准，主导修订《建筑卷扬机》国家标准，主导编制ISO21711《海上结构物—海上移动平台—锚链轮》国际标准，参与修订ISO 9089《海上结构物—海上移动平台—系泊定位用锚绞车》国际标准。近年来承担省重大科技支撑计划项目1项、省成果转化项目1项、国家重点研发计划项目1项、工信部项目2项，获得国家新产品1个、省高新技术产品10个，获得授权发明专利21项、实用新型专利121项，并获得中国造船工程学会科技二等奖和中国海洋学会海洋科技一等奖。

地址：江苏省如皋市如城街道兴源大道6号　电话：0513-87268999 87268666

传真：0513-87268998　邮箱：info@ntlw.com

玉柴机器
YC DIESEL
卓越动力·国际玉柴
EXCELLENT POWER & GLOBAL YUCHAI
新一代船机
电控技术 高效可靠
玉柴船舶专业动力
功率覆盖范围：20~4 000马力
玉柴船舶专业动力以电控技术、四气门技术为依托，具有高效可靠、节能低耗等特点，产品功率覆盖范围：20~4 000马力。重点系列产品有YC16VCX、YC16VC、YC12VC、YC8CAX、YC8CL、YC6CA、YC6CL、YC6C、YC6TF、YC6TD、YC6T、YC6K、YC6MJ、YC6MK、YC6A、YC6B、YC4D等，所有产品均达国Ⅰ、国Ⅱ排放标准。
广西玉柴机器股份有限公司
GUANGXI YUCHAI MACHINERY CO., LTD.
地址：广西玉林市天桥西路88号 电话：0775-3220984 传真：0775-3287898 全国服务热线：95098

华东片区

上海、江苏、浙江、福建、安徽

上海航盛船舶设计有限公司

Hansail Marine & Offshore Design Co., Ltd.

地址：上海市黄浦区中山南一路 893 号斯米克广场西楼 2 楼
电话：021-63167098
网址：www.hansail.com
邮箱：hansail@hansail.com

上海航盛船舶设计有限公司（简称“航盛船舶”），成立于 2008 年，是中国特种船舶设计及工程服务领域的引领者。该公司自成立后，连续获得“国家级高新技术企业”“上海市高科技企业”“上海市科委小巨人培育企业”“五星级诚信创建单位”“上海市文明单位”等殊荣，并通过标准 ISO 9001 质量体系认证，与各大船级社、船舶科研机构、船厂保持长期合作。

航盛船舶在国内特种船舶的设计领域，尤其在基础建设类船舶设计方面，占有约 70% 的市场份额，是该细分市场的“隐形冠军”。

上海船舶研究设计院
Shanghai Ship Design and Research Institute

地址：上海市浦东新区祖冲之路 2633 号
网址：sdari.cssc.net.cn
电话：021-38139388 021-64033998
邮箱：sd2@sdari.com.cn

上海船舶研究设计院（Shanghai Merchant Ship Design and Research Institute，SDARI）成立于 1964 年，是中国船舶工业集团公司旗下具有国际影响力的民用船舶设计单位。

SDARI 的设计产品主要包括散货船、集装箱船、油船、化学品船、多用途船、滚装船等运输船舶，以及救助船、打桩船、浮船坞、三用工作船、综合检测船、导管架下水驳、大型起重铺管船等工程船舶，累计约 800 型，产品覆盖范围和市场占有率均居国内之首。2001 年到 2006 年共获得国家和省部级的科技进步奖 28 项。

SDARI 遵循“精心设计、质量第一、讲究信誉、持续改进”的质量方针，不断提升船型研发能力，不断完善基本设计至生产设计全过程设计的能力，为航运业和造船业提供优质服务，鼎力支持我国成为世界造船强国，不断提升 SDARI 品牌的价值。

天海融合防务装备技术股份有限公司

Bestway Marine & Energy technology Co., Ltd.

地址：上海莘砖公路 518 号 10 号楼
网址：www.bestwaysh.com
电话：021-64365500-822
邮箱：marketing@bestwaysh.com

天海融合防务装备技术股份有限公司（简称天海防务，证券代码：300008），成立于2001 年，于 2009 年在深圳证券交易所上市，是船舶综合科技类首家上市企业，现有主营业务涵盖船舶与海洋工程装备研发设计与建造、应急救援产品研制、清洁能源应用三大领域。秉承“技术引领，水陆并举，应急救援，智能绿色”的宗旨，坚持创新发展，以自身行业优势结合子公司资源搭建“一总部三平台”的业务构架，成为国内上市公司中极具创新活力的特色化企业集团。该公司是行业内唯一集船舶设计与建造为一体的综合解决方案提供商，先进的研发与制造供应商，新能源综合服务运营商。三大平台包括船舶与海洋工程 EPC 业务平台—江苏大津重工有限公司是船舶与海洋工程总承包项目的建造基地；应急救援特装业务发展平台—泰州市金海运船用设备有限责任公司；新能源综合利用与服务平台—上海沃金天然气利用有限公司，致力于构建以天然气为主的新能源产业链。

Table of design and development of the Mainstream Ship Type

Name of Product	Attributes of ship				
	DWT	GT	Nationality of Shipowner	Registry	Types of ships
124x 24 m dive support vessel/ST-246 DSV	~5 725	~13 055	Singapore	DNV GL	Marine engineering ship
91.6m dive support vessel	~4 700	~7 535	UAE	ABS	Marine engineering ship
SE-350LB(WMPP350)	~2 000	~8 911	UAE	ABS	Offshore platform
Self-elevating liftboat			China	CCS	Offshore platform
Large salvage vessel	~39 712	~71 275	China	CCS	Marine engineering ship
Large oil recovery vessel	~5 000	~4 850	China	CCS	Marine engineering ship
Emerald numen bulk carrier-39 000 DWT open hatch	39 000	24 920	China	LR,BV,CCS	Bulk carrier
Emerald numen bulk carrier-43 000 DWT bulk carrier	43 000	27 000	China	LR,BV,CCS	Bulk carrier
12 500 DWT multi-purpose vessel	12 500	10 600	Germany	DNV GL	MPV
28 000 M^3 LNG carrier	15 000	22 700	China	CCS	Carrier
7 500 DWT bitumen carrier	7 500	7 100	China	KR	Carrier
500 passengers ship	6 000	5 000	China	CCS	Passenger ship
24 500 DWT semi-submersible heavy lift vessel	25 000	27 000	China	CCS	Engineering ship

2 500 TEU container carrier	40 500	28 800	China	CCS	Container carrier
4 000 TEU container carrier	71 000	44 800	China	CCS	Container carrier
Patrol vessel for Shanghai Frontier Inspection Station	436	442	China	CCS	Public service vessel

124m 饱和潜水支持船

总长：124.00 m　　垂线间长：109.90 m
型宽：24.00 m　　型深：7.00 m
设计吃水：9.50 m

91.6m 潜水支持船

总长：91.6 m　　垂线间长：83.6 m
型宽：23.0 m　　型深：8.5 m
设计吃水：6.0 m　　结构吃水：6.3 m

大型抢险救捞船

总长：198.80 m　　型宽：46.60 m
型深(到主甲板)：14.20 m　　型深(到上甲板)：21.60 m
夏季载重线：9.50 m　　作业载重线：11.00 m
空载最大航速：~15.0 kn　　定员：399 P
续航力：60/10 000 n mile

大型溢油回收船

总长：90.90 m　　两柱间长：82.20 m
型宽：20.00 m　　型深：8.20 m
设计吃水：6.60 m　　结构吃水：6.90 m

2 500 TEU 集装箱船

总长：179.90 m　　两柱间长：176.85 m
型宽：32.18 m　　型深：16.00 m
设计吃水：9.50 m　　结构吃水：10.70 m

7 500 DWT　沥青船

总长：109.90 m　　垂线间长：102.80 m
型深：20.00 m　　型宽：10.90 m
结构吃水：7.00 m

翡翠精灵系列散货船-39 000 t 大开口型

总长：179.90 m　　垂线间长：176.85 m　　型宽：30.00 m
型深：14.80 m　　设计吃水：9.50 m　　结构吃水：10.60 m

中远海运重工有限公司
COSCO SHIPPING HEAVY INDUSTRY Co.,Ltd.

地址：上海市浦东新区东方路 3261 号
网址：www.zpmc.com
电话：021-58396666
邮箱：mail@zpmc.com

中远海运重工有限公司（简称“中远海运重工”）是中国远洋海运集团有限公司旗下的装备制造产业集群，是以船舶和海洋工程装备建造、修理改装及配套服务为一体的大型重工企业。

中远海运重工于 2016 年 12 月正式挂牌运营，总部设在上海。该公司是致力于建设中国领先、世界一流的船舶和海洋工程装备制造的企业。

中远海运重工是现代商船建造的领跑者，拥有 9 家大中型船厂，年可建造各类商船超 750 万 DWT，已交付各类船舶 820 余艘，其中 10 多个船型填补了中国造船业的空白。中远海运重工是海洋工程装备建造的开拓者，年可承建海工产品 12 个、海工模块 20 组，已交付 50 多个海工项目，覆盖从近海到深海的全部类型，多个项目属世界首制和国际高端产品。中远海运重工是“中国修船航母”“FPSO 第一改装工厂”，年修理和改装船舶可达 1 500 余艘。中远海运重工是船舶和海工的专业化配套服务商，在中国沿海任何港口都能为客户提供优质快捷的专业技术服务。

中远海运重工建有全球客户营销服务网络。在上海设立经营中心，在中国香港地区以及新加坡、美国、希腊等国家设有专门工作机构，客户遍布全球 100 多个国家和地区，是世界知名海洋石油服务供应商和全球知名航运公司在中国首选的业务合作伙伴。

中远海运重工致力于打造技术领先的装备制造企业，拥有多个国家级企业技术中心、一流的海洋工程装备研究院，以及 3 000 多名技术研发设计人员和 10 000 余名高素质的技术工人。中远海运重工在中国率先倡导并探索智能建造的新模式，致力于推动产品优化升级，向“绿色化、智能化、高端化”发展。

中国船舶及海洋工程设计研究院

China Ship and Marine Engineering Design and Research Institute

地址：上海市西藏南路 1688 号
网址：maric.cssc.net.cn
电话：021-63161688
邮箱：webmaster@maric.com.cn

中国船舶及海洋工程设计研究院，又称中国船舶工业集团公司第七〇八研究所，创建于 1950 年 11 月，是中国船舶行业中成立早、规模大、成果多的研究开发单位，是船舶设计技术国家工程研究中心的依托单位，是国际拖曳水池会议（International Towing Tank Conference，ITTC）、国际船舶结构会议（ International Ship Structure Conference，ISSC）的成员单位，是流体力学和船舶与海洋结构物设计与制造的硕士、博士研究生培养单位。建院 60 多年来，主要业务领域不断拓展，自主开发出多型具有世界先进水平的各类船舶、海洋工程装备和船用装备，为我国船舶工业、海洋事业的发展和国民经济建设做出了重大贡献。

该院建立了完善的质量管理体系，通过了 GJB9001A-200、GB/T 19001-2000 质量体系认证，通过了国家档案管理一级评审。

上海船舶运输科学研究所

SHANGHAI SHIP AND SHIPPING RESEARCH INSTITUTE

地址：上海浦东新区民生路 600 号
电话：021-58856638
网址：www.sssri.com
邮箱：sssri@coscoshipping.com

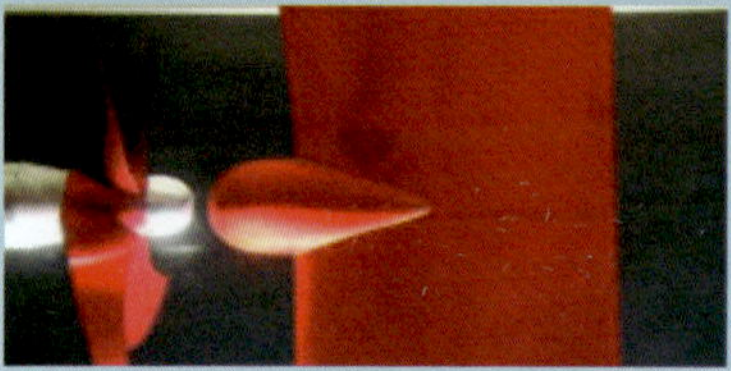

上海船舶运输科学研究所成立于 1962 年，总部位于上海浦东新区陆家嘴功能区地块，占地总面积近 15 万 m^2。自成立以来，该所坚持“国内一流、国际先进”的理念，长期从事国内交通运输和造船行业的共性技术、前瞻性技术的开发研究，为促进行业科技进步做出了积极贡献。经过 50 多年的不断发展，该所形成了具有专业特色的主营业务和研究开发领域；拥有包括船舶运输控制系统国家工程中心和航运技术与安全国家重点实验室在内的一流研发实验基地及先进的科研实验手段；在船舶系统工程、船舶水动力及海事技术试验研究、环境工程、智能交通系统、交通与航运信息化等领域的研发及技术服务水平均处于国内领先地位。

智能船舶系统图

上海交通大学船舶与海洋工程设计研究所

The Design Institute of Ship and Ocean Engineering of Shanghai Jiao Tong University

地址：上海市闵行区东川路 800 号　　电话：021-34206558　　网址：ship.sjtu.edu.cn

上海交通大学船舶与海洋工程系于 1943 年成立，该系的水面舰艇设计、民用船舶设计、船舶建造工艺、海洋工程四个专业于 1978 年合并为船舶与海洋工程设计研究所。

船舶与海洋工程设计研究所致力于船舶设计与新船型开发，在石油钻井平台、客船、铺排船等多种船型设计方面取得了优异成绩。尤其是在大型绞吸疏浚装备领域，船舶与海洋工程设计研究所经过大量的实践调研和分析，并在借鉴和吸收世界最先进的特种作业船舶设计经验的基础上，结合我国的实际情况，逐步建立了集特种作业船舶环境载荷分析和作业载荷计算于一体的系统的理论分析计算方法和设计理论，完全掌握了绞吸疏浚装备相关特种作业设备设计的核心技术和特种船舶设计开发的核心内涵。最终形成了海上大型绞吸疏浚装备总体和挖掘、输送、定位与控制四大系统的自主设计及制造能力，极大地推动了疏浚行业技术的发展，实现了海上大型绞吸疏浚装备从“被封锁”到“限制出口”的跨越发展。

上海外高桥造船海洋工程设计有限公司

Shanghai Waigaoqiao Shipbuilding Marine Design & Research Institute

地址：上海市浦东新区洲海路 3001 号
电话：021-31575228 021-31575063
网址：http://cn.chinasws.com
邮箱：biz@chinasws.com swsbiz@chinasws.com

上海外高桥造船海洋工程设计有限公司成立于 2002 年，由上海外高桥造船有限公司持有 71.92% 的控股股份。

公司设计的产品主要包括 17.5 万 t 好望角型散货船、17.7 万 t 好望角型散货船、17.6 万 t 好望角型散货船、20.6 万 t 好望角型散货船、23 万 t 超大型散货船、4 300 TEU 集装箱船、10.5 万 t 阿芙拉型原油轮、10.8 万 t 阿芙拉型成品 / 原油轮、31.9 万 t 超大型油轮（Very Large Crude Carrier, VLCC）、29.7 万 t 超大型油轮、30 万 t 浮式生产储存卸货装置 (Floating Production Storage & Offloading,FPSO)、自升式钻井平台和 3 000 m 半潜式钻井平台等。同时，公司还承担了多项国防科学技术工业委员会、中国船舶工业集团有限公司的课题研究工作。

COSCO SHIPPING TAURUS
COSCO SHIPPING

海洋石油117
HAI YANG SHI YOU
CNOOC

上海振华重工（集团）股份有限公司海上重工设计研究院

ZPMC Offshore Heavy Industries Design & Research Institute

地址：上海市浦东新区东方路 3261 号　　网址：www.zpmc.com
电话：021-58396666　　邮箱：mail@zpmc.com

上海振华重工（集团）股份有限公司海上重工设计研究院（简称“ZPMC 海工院”）成立于 2009 年，以海洋工程装备的研发和设计为主，包括船体和平台的总体设计、结构、舾装、轮机、设备、电气等各专业的详细设计和生产设计。围绕海工市场，ZPMC 海工院还开发了大量的海上重型配套装备，包括海上铺管系统、全回转 / 固定臂架式起重机、甲板起重机、船舶锚机、海上大型平台的抬升锁紧系统、特种减速箱、船舶电力推进器等，并在钻井包、波浪补偿、动力定位系统等方面进行了研究。

ZPMC 海工院采用世界上先进的装备产品研发、设计、分析软件，引进了船舶设计软件 NAPA、水动力模拟分析软件 SESAM、海事结构有限元分析设计软件 SACS、CAE 结构分析软件 PATRN/NASTRAN 以及生产设计软件 AVEAV Marine 等，整体设计水平在国内处领先地位。

ZPMC 海工院的目标是跻身世界海工装备业，掌握海工装备核心技术，填补国内空白，成为具有自主知识产权、国内一流的海工产品设计研发中心，以及世界海工装备产业有实力的竞争者。

Offshore Heavy Industries Design & Research Institute of Shanghai Zhenhua Heavy Industries Co., Ltd. (short for: ZPMC Offshore R&D Institute),was established in 2009,focusing on developing and designing offshore engineering equipments, which includes overall design and production design of structure ,outfitting, marine machinery, equipments, and electrical system. ZPMC offshore R&D Institute also developed various type of offshore heavy industries equipments, that consists of offshore pipe-laying system, fully revolving/fixed boom floating crane , deck crane, vessel anchor winch, jacking and fixation system for large offshore rig, special type of gearbox, and electrical vessel thruster. The institute also researches on drilling package, swell compensation system, and dynamic positioning system.

ZPMC Offshore R&D Institute utilizes the world advanced research, design and analysis software of offshore equipment product, including NAPA the vessel design software, SESAM the marine hydro-dynamic simulation analysis software, SACS the finite element analysis software for marine structure, PATRAN/NASTRAN the CAE structural analysis software, and AVEVA Marine the production design SOFTWARE. The overall design standard of the Institute is in the leading position all over the country.

The ultimate goal of ZPMC Offshore R&D Institute is to be one of the world' s offshore equipment suppliers, becoming the leading offshore products research and development centre who can obtain core technology of offshore equipment ,filling the domestic gaps with the independent intellectual property rights. ZPMC offshore R&D Institute strives to be a strong competitor in the industry in the world.

ODELY MARINE ENGINEERING

上海欧得利船舶工程有限公司

Shanghai Odely Marine Engineering Co., Ltd.

地址：上海市瞿溪路 926 弄 10 号　　网址：www.odely.com
电话：021-63026721　　邮箱：info@odely.com

上海欧得利船舶工程有限公司（简称“欧得利船舶”）是一家从事各类现代商用船舶和海洋工程设计、研究、开发的综合性民营科技研发公司。

公司创建于 1994 年 8 月，成立之初为一家中外合资企业，即由中国船舶集团第七〇八研究所与德国汉堡欧得力贸易有限公司（Odely Trading GmbH）共同合资组建，为当时国内首批中外合资的船舶设计公司。2002 年 7 月，为了进一步适应和融入竞争日益激烈的市场，公司改制成为一家独立的、外向型的、国际化的、现代化的民用船舶和海洋技术领域的科技公司。

经过多年的发展，公司不仅打造了自己强有力的科技队伍，而且还先后研制和设计了功能独特、性能优良的各类专业复杂海洋装备，其中有相当数量的产品不仅在国内颇受青睐，而且在国际上也独树一帜。

主要产品：

油船和化学品船系列、大开口多用途船系列、散货船、支线集装箱船舶系列、LPG/LEG/LNG 船型、中韩线客滚船、海洋工程船舶。

连云港中韩轮渡
LIANYUNGANG C-K FERRY

LNG FUEL

上海凌耀船舶工程有限公司

地址：上海市华宁路 2931 号　　网址：www.sh701ly.com
电话：021-23509314 021-23509308　　邮箱：sh701ly@163.com

上海凌耀船舶工程有限公司是经中国船舶重工集团公司批准设立，由中国船舶重工集团公司第七〇一研究所单独投资成立的企业法人类有限责任公司。主要经营范围：船舶与海洋工程装备的设计开发；船舶机电系统总承包；机电设备的研制。

公司具有 3 个总体设计团队、3 个系统总承和设备研制团队、1 个非船项目研发团队，主要研发人员均具有深厚的研发能力和丰富的实践经验，参与国家、上海市、高校和科研院所等多个重点项目开发，担任项目总师、技术负责人等。

公司具有 ISO9001 质量管理体系认证证书，是上海市高新技术企业、市重点用人单位。公司重视自主创新能力培养和企业文化建设，建立科学的激励制度，不断加大研发投入，鼓励员工勇于创新，敢于突破，以满足客户需求为目标，不断研发出高质量的产品。

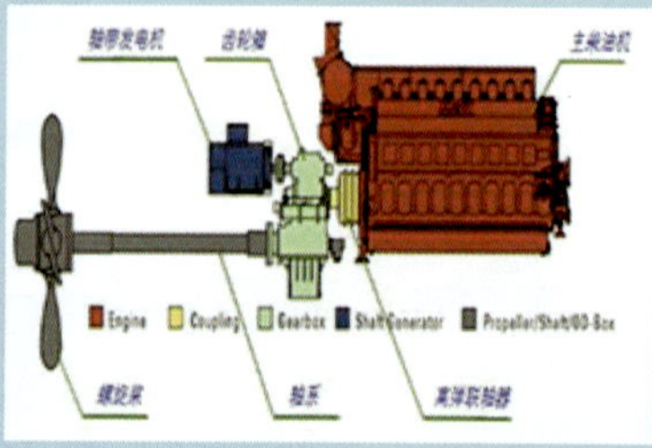

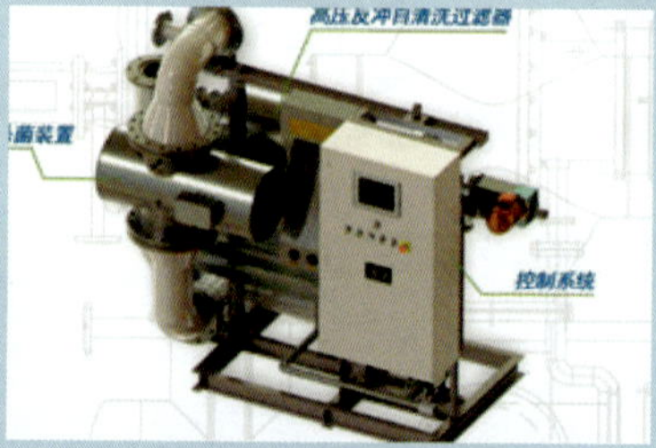

ALSEN 上海瀚顺船舶设计有限公司

Shanghai Alsen Maritime Limited

地址：上海市张江高科园区毕升路 299 弄 9 号楼　　网址：www.alsen.com.cn
电话：021-51879711　　邮箱：alsen@alsen.com.cn

上海瀚顺船舶设计有限公司成立于 2002 年 6 月，是一个由几位长期从事船舶工程工作的专家发起组建的股份制企业。公司经营范围：各类油船、集装箱船、散货船、客船和拖轮的技术设计，港口作业船舶、工程船舶、特种供应船舶的技术设计，海上石油平台、单点系泊装置的技术设计，各种船舶的改装设计，各类船舶的生产施工设计，船舶装载手册、帮扎手册、油污应急手册和化学品船程序操作手册等的编制，船舶各类专项计算与校核——船舶设计图纸的预审核及代理送审。

上海润吉船舶设计有限公司

SHANGHA IROJ MARINE ENGINEERING CORP

地址：上海市浦东新区新金桥路 58 号银东大厦 21 楼 D 室　　网址：www.rojmarine.com
电话：021-51303362　　邮箱：roj@rojmarine.com

上海润吉船舶设计有限公司创立于 2008 年 5 月。公司坐落于上海浦东金桥开发区，是一家从事船舶及海洋工程领域的详细设计、生产设计和提供相关咨询的技术服务公司。

公司具备设计满足船级社规范和国际公约的灵便型散货船、杂货船、集装箱、多用途船、沥青船、油船 / 化学品船、平台供应船、大型起重船、军用辅助船、挖泥船、打桩船，以及风力发电机安装船和半潜船等工程船的能力。同时，公司具有超大型油轮（Very Large Crude Carrier，VLCC）改装为超大型矿砂船（Very Large Ore Carrier，VLOC）、油船和集装箱船改装为散货船和杂货船、散货船改装为半潜船等丰富经验，深受船东和船厂信赖。

江南造船（集团）有限责任公司
Jiangnan Shipyard (Group) Co., Ltd.

地址：上海长兴岛长兴江南大道 988 号　　网址：jnshipyard.cssc.net.cn
电话：021-66993388　　传真：021-66993488

江南造船（集团）有限责任公司（简称“江南造船”），是中国船舶集团有限公司旗下的大型现代化造船企业，现有员工 2 万人，党员 1 785 人，公司党委下设二级基层党组织 40 个。

江南造船前身是创建于清同治四年（1865 年）的江南机器制造总局，20 世纪 50 年代初改名为江南造船厂，1998 年改为公司制企业。2008 年 6 月，因世界博览会建设和自身发展需要，江南造船从黄浦江畔整体搬迁到长兴岛。

作为“中国第一厂”，江南造船见证了一个半世纪的沧桑，历久弥坚、长盛不衰，创造了上百个中国第一，被誉为民族工业和军事工业的发祥地、产业工人的摇篮、中国共产党早期革命的播火地、改革开放的先驱。

经过资产重组整合，江南造船目前占地面积 517 万 m^2，岸线总长 3 561 m，共分 3 个生产区域，能够满足海军各系列舰船的建造需要，还能够建造全系列液化气船、超大型集装箱船，以及公务船、科考船、破冰船等特种船舶。

2012 年，江南造船率先转型，在船舶市场低迷的情况下，实现了逆势腾飞，于 2015 年成功实现了成为中国第一军工造船企业的目标。2016 年 12 月，江南造船成立江南研究院，开启了高质量发展的新征程。目前，江南造船正努力成为船舶领域高质量发展的先行者、传统制造业的颠覆者。

上海杉晟船舶设计有限公司

Shanghai Shansheng Marine Design Co., Ltd.

地址：上海市西康路600弄　　网址：www.shanshengsheji.com
电话：021-62585810　　邮箱：shanshengsheji@vip.163.com

上海杉晟船舶设计有限公司成立于2002年，汇集了船舶设计、船舶改建设计以及船用产品开发等业务。公司成立以来，曾设计与建造多种类型的船舶，还具有下列服务项目：船舶改装设计、设备代理和监造、船舶新产品的开发与研究及其他技术服务性项目。

公司几年来在船舶行业中的设计能力是有目共睹的。雄厚的技术力量、诚心诚意的服务精神、赢得船东的好评是公司生存的根本。公司全体员工不断努力提高素质，扩大服务范围，与国内外航运界、造船界的朋友携手共进。

CIMC ORIC 中集船舶及海洋工程设计研究院有限公司
CIMC Ocean Engineering Design & Research Institute Co.,Ltd.

地址：上海市浦东新区新金桥路 27 号 18 号研发楼　　网址：www.cimc.com
电话：021-61759200　　传真：：021-61759201
邮箱：offshore.sh@cimc.com

中集船舶海洋工程设计研究院有限公司（ORIC）隶属于中国国际海运集装箱（集团）股份有限公司（简称“中集集团”），是专业从事船舶与海洋工程装备研发与设计的研究机构。公司位于上海市浦东新区金桥 Office Park 园区。ORIC 是国家能源局授予的“国家能源海洋石油钻井平台研发中心”，是中集集团“A 级技术中心”。公司可提供超大型船舶（VLCS、VLCC、VLOC）、海洋工程装备（钻井平台、钻井船、FPSO）和其他特种船舶（风电安装平台、半潜船、OSV、LNG 船、冷藏船）等产品的研发与设计、技术咨询与服务、工程监造和工程总承包等多种解决方案。设计院开发设计产品有自升式钻井平台、风电平台、半潜船、平台供应船、集装箱船、散货船、海上升压站。

CIMC 中集

CIMC 中集

上海荣胜船舶设计有限公司
SHANG HAI ROYSUN MARINE CO.,LTD.

地址：上海市浦东新区金高路 2216 弄 35 号 4 幢 B 楼 301 室　　网址：www.shroysun.com
电话：021-58859560 021-58859212　　传真：021-58859701　　邮箱：shroysun@163.com

上海荣胜船舶设计有限公司成立于 2009 年 3 月，是一家专注于船舶生产设计、现场服务的技术服务公司。公司成立以来已向近百艘船提供了设计服务，涉及的主要船型有：散货船、不锈钢化学品 / 成品油船、多用途船、集装箱船、挖泥船、海洋工程船、港口拖轮、自航甲板船、沥青船等。

公司致力于打造“设计领先，质量第一，服务周到”的企业品牌，秉承“以人为本，科技创新，合作双赢”的企业理念，发挥“团结拼搏，不断进取，精益求精”的企业精神，努力成为船舶领域技术一流的技术服务型企业。

27 000 DWT不锈钢成品油/化学品船

总长：176.20 m；垂线间长：168.00 m；型宽：27.00 m；型深：14.00 m；设计吃水：9.00 m；结构吃水：9.20 m；主机：MAN-B&W 6S42MC-C 1台；M.C.R.：6 480 kW x 136 r/min；C.S.R.：5 832 kW × 131.1 r/min；服务航速：14.30 kn；续航力：9 000 n mile；船员：（21+2）人；船级社：CCS。

47 000 DWT散货船

总长：189.98 m；垂线间长：182.00 m；型宽：32.26 m；型深：16.30 m；设计吃水：11.10 m；结构吃水：11.80 m；主机：MAN-B&W 6S42MC 1台；M.C.R.：6 480 kW × 136 r/min；C.S.R.：5 832 kW × 131.1 r/min；服务航速：13.00 kn；续航力：不小于 7 000 n mile；船员：（24+2）人；船级社：CCS。

6 000 m^3耙吸式挖泥船

总长：111.60 m；垂线间长：101.80 m；型宽：19.20 m；型深：8.60m；设计吃水：6.60 m；挖泥吃水：7.50 m；主机：Daihatsu 6DKM-36e(L) 2 sets；M.C.R.：3 500 kW × 600 r/min × 2；设计航速：12.00 kn；挖深：30.00 m；续航力：大于 5 000 n mile；船员：37人；船级社：BV。

6 800马力 AHT

总长：58.80 m；垂线间长：53.20m；型宽：13.18m；型深：6.38m；设计吃水：5.18 m；主机：8320ZC2B/3B 2 sets；M.C.R.：2 500 kW/600 r/min；服务航速：14.60 kn；系柱拖力：85 TONS；续航力：不小于 7 000 n mile；船员：20人；船级社：CCS。

上海福凯船舶设计有限公司

地址：上海浦东新区民生路 600 号船研大厦 4 楼　电话：021-68591900　邮箱：infocn@fkab.se

上海福凯船舶设计有限公司成立于 2001 年，由瑞典 FKAB 公司控股。

FKAB 公司广泛活跃于国际船舶设计及相关技术咨询领域，近 60 年来，成功交付了各类可靠和创新的船舶设计，硕果累累、成绩斐然。上海福凯船舶设计有限公司在过去的 20 年里，共承接了 200 多个设计定单，积累了大量设计经验，同世界各国的船东和船厂建立了广泛的业务联系。

上海福凯船舶设计有限公司从成立之初即采用欧洲先进的公司管理模式和项目管理理念，并通过挪威船级社（Det N orske Veritas，DNV）的 ISO 9001：2015 质量标准认证。公司以先进的技术、丰富的经验提供广泛的船舶设计服务、船舶建造项目管理及其他船舶技术咨询服务。

哈佛船厂中国有限公司上海代表处

地址：上海市新金桥路 18 号浦东民航大厦 2315 室　邮编：201206
电话：021-50301730　传真：021-50301731　邮箱：jojo.tang@havyard. www.havyard.com

哈佛集团是一家综合性造船企业，成立于 1999 年，总部设在挪威 Fosnavåg，2014 年 7 月在奥斯陆上市，拥有最先进的海工船和渔船技术，自主设计和建造新船。同时，也为世界上其他船厂提供船舶设计、船舶设备和建造支持，为营运的船舶提供服务。

集团旗下有四家分公司

- 哈佛船舶设计及全球解决方案公司
  - 新船研发和专有技术
  - 基本设计和详细设计
  - 建造监管和建造支持
  - 全球销售网络和一站式服务，全程监控

- 哈佛造船厂
  - 船厂位于挪威卑尔根
  - 集团自主设计和建造新船。同时，也向世界上其他船厂提供船舶设计、船舶设备和建造支持
- 哈佛电气设备公司
  - 船舶自动化系统
  - BAS
  - MGS
  - 船舶设备和电气系统

- 哈佛渔业公司
  - 为渔业和水产养殖业提供设备和服务
  - 活鱼舱船过滤和紫外线处理系统
  - MMC 绿色科技公司压载水处理系统

The Havyard Group ASA is a fully integrated shipbuilding ecterprise with HQ in Fosnavåg,Norway. Founded in 1999, Havyard-stock listed on Oslo Bør in July 2014.We specialize in state-of-the-art offshore and fishing and fish farming technology. The Havyard Group offers ship design, shipbuilding at own yard in Norway, assistance to external shipyards building Havyard designs world-wide, ship equipment and systems and service to sailing ships.

Havyad Group is divided into four business areas:

· Havyard Design & Solutions AS , providing designs and system packages for external and internal vessel construction

· Havyard Ship Technology AS, providing costruction, conversion and repair of vessels, with focus on advanced offshore support vessels and vessels for use in fisheries and aquaculture

· Havyard Power & Systems AS, providing a broad range of advanced ship technologies for monitoring and control of the ship systems

· Havyard MMC AS, providing equipment and systems for the safe and efficient handling of fish in fishing vessels, live fish carriers and on seafood shore plant

沪东中华造船（集团）有限公司

Hudong-zhong Shipbuilding (Group)Co.,Ltd.

地址：上海浦东大道 2851 号
网址：hz-shipgroup.cssc.net.cn
电话：021-58713222
邮箱：hzgroup@shcei.com.cn

沪东中华造船（集团）有限公司是中国船舶集团有限公司旗下核心造船企业，年造船能力 300 万 t，年销售收入 230 亿元。公司坚守“造舰强军，造船兴国”的企业核心价值观，形成经济建设和国防建设融合发展、大中型水面舰艇和高端船舶为主打的丰富产品线。高技术产品占比 90% 以上，是目前国内少数在高端特种船领域与日韩船企开展全面竞争的中国造船企业。

公司具有雄厚的船舶开发、设计和建造实力，产品以军用舰船、大型 LNG 船、超大型集装箱船、海洋工程及特种船为主。公司先后为“商船三井”“东方海外”“地中海航运”“中远集团”“中海集团”等国内外船东建造过 LNG 船、LPG 船、大中型集装箱船、化学品船、滚装船、油船、散货船、客货船、特种工作船、军舰和军辅船等各类船舶 3 000 多艘。产品远销亚洲、欧洲、非洲、大洋洲、南美洲的 40 多个国家和地区，广受国内外船东和各界好评。

CSSC 江南長兴

上海宏航船舶技术有限公司
SHANGHAI HONGHANG SHIP TECHNOLOGY CO.,LTD.

地 址：上海市徐汇区斜土路 1221 号之俊大厦 1202 室　　邮 编：200032
电 话：总经理 周迎宾 13917281251；总舾科 王飞飞 13524758625
传 真：021-51702667　　邮 箱：Zyb_honghang@163.com

开发设计船型（Ship Form Developed And Designed）：

油船/化学品船（液货船）（Oil/Chemical Tanker （Liquid Cargo Tanker））
甲板货船（Deck Cargo Ship）
散货船（Bulk Cargo Ship）
集装箱船（Container Ship）
集装箱甲板货船（Container Deck Cargo Ship）
自卸船（Self-unloading Carrier）
起重驳（Crane Barge）
铺缆船（Cable Laying Ship）
浮船坞（Float Dock）
自升式平台（Modular Jack Up）
风电安装平台（Wind Turbine Installation Platform）
多用途海上支援船（Multi-purpose Offshore Support Vessel）
拖轮（Tug）
公务船（Official Boat）

NO SMOKING
COSCO ASPHALT

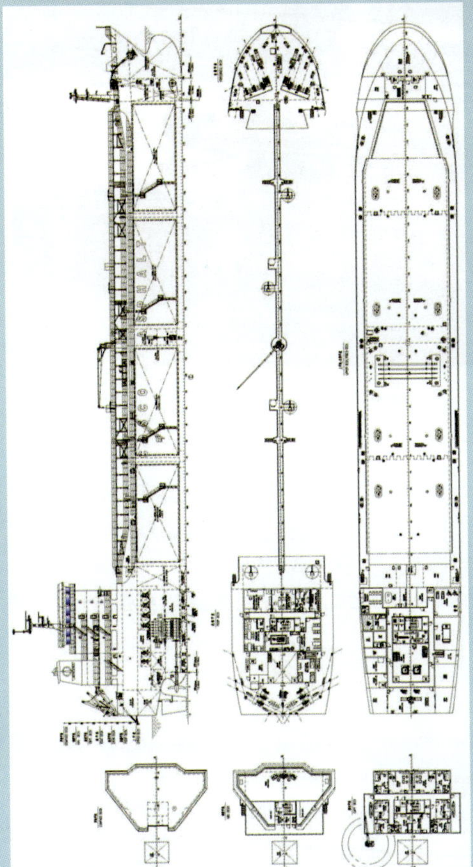

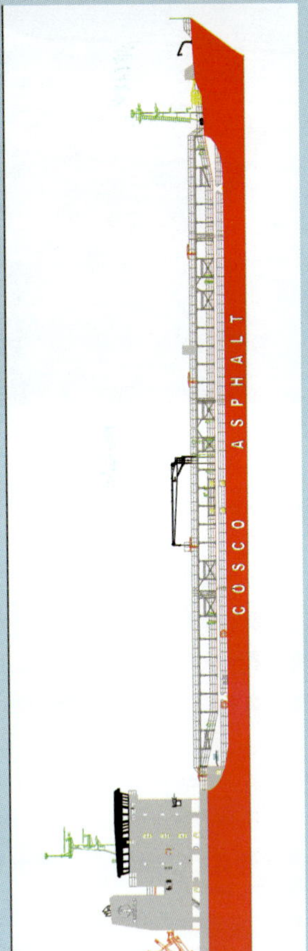
COSCO ASPHALT

欧赛德船舶设计（上海）有限公司

OFFSHORE SHIP DESIGNERS SHANGHAI

地址：上海市浦东新区浦东大道1082号　　邮编：200135
电话：021-58513412　13472709333　　邮箱：info@osdshanghai.com

IMT950 ERRV

欧赛德船舶设计（上海）有限公司（简称“欧赛德上海公司”）由欧赛德荷兰总部和集安船务合资组建。

欧赛德上海公司目前有20余名送审设计人员，30余名生产设计人员，平均设计年限为10年左右。欧赛德上海公司将立足上海，依托国内的船舶市场，结合总部的技术优势，向客户提供送审设计、生产设计服务和船厂技术支持。

OSD Shanghai was founded in March of 2008 by Offshore Ship Designers Group and J&A Marine.

OSD Shanghai aims at providing professional Classification Approval and production design for offshore and traditional vessels, including new building vessels and upgrade/ conversion projects for existing vessels. Furthermore, OSD Shanghai also actively involves in site technical support during construction.

设计开发的主流船型表
（Table of design and development of the Mainstream Ship Type）

产品名称 (Name of Product)	船舶属性 (Attributes of Ships)				
	载重吨 (DWT)	总吨 (GT)	船东国籍 (Nationality of Shipowner)	船籍 (Registry)	船型介绍 (Types of ships)
AZISTERN Tug	200	499	POET	ABS	Harbour Tug With Wing
57 m Shallow Draft Diving Support Vessel	1 100	1 300	SINGAPORE	ABS	Diving Support and Utility Vessel
IMT965 50 t BP Seismic Support Vessel	1 939	2 661	COSL	CCS	Multi Purpose Service Tug
IMT984 Platform Supply Vessel	4 120	3 580	Swire Pacific Offshore	DNV GL	Platform Supply Vessel
IMT975 Supply/ROV /Survey Vessel	2 250	2 676	North Star Shipping	LR	Supply/ROV/Survey Vessel
99 m Cable Laying Vessel	7 500	7 480	Boskalis	LR	DP2 Electric Cable Laying Vessel

IMT997 97 m PSV

IMT965 seismic support vessel

Azistern 31 m 50 t harbour tug

Azistern 33 m 70 t harbour tug

上海速远船舶设计有限公司

Shanghai Fast and Far Marine Design Co.,Ltd.

地址：上海市建国中路 169 号 网址：www.fastfar.com.cn
电话：021-54661720 邮箱：hr@fastfar.com.cn

上海速远船舶设计有限公司业务涵盖了整船的方案设计、送审设计、施工设计、生产设计等内容。目前公司设计业务主要定位在液货船系列、多用途船系列、海洋工程船系列、旅游船及客船系列。

公司拥有一支精干的设计队伍，引进了世界首屈一指的船舶专用设计软件 Foran，极大减少了设计中的人为差错，有效降低了返工率，液货船的综合放样准确率超过 90%。

延伸业务：船舶技术咨询服务，项目管理。可以为客户提供前期船舶建造成本估算、商务谈判、英文翻译、生产进度安排、现场技术指导、图纸审查、现场监理、船舶经纪等服务。

船型	13 600 t 散货船		
船型介绍	散货运输船；钢制；单机单桨；双底单壳；由柴油机驱动的货船；设有艏楼和艉楼；运输干散货、谷物、铁矿石、钢材、煤等		
总长	~140.00 m	两柱间长	~131.00 m
型宽	~20.60 m	型深	~11.00 m
设计吃水	~8.00 m	结构吃水	
载重量	~13 600 t	舱容	~17 000 m^3
主机	Wartsila 6L38 MCR:4 540 kW × 600 r/min	服务航速	~12.6 kn 90%MCR with 15% sea margin
续航力	6 000 n miles	船员定额	19 人 +1
船级符号	CCS ★ CSA 5/5 Bulk carrier, Strengthened For Heavy Cargoes Hold, Ice Class B CSR,ESP ★ CSM AUT-0		

OPR 杭州欧佩亚海洋工程有限公司

Hangzhou OPR Offshore Engineering Co., Ltd.

地址：杭州市余杭区闲林街道西溪海望山郡 6-1 幢
电话：0571-88606550
邮箱：service@opr-inc.cn
网址：www.opr-inc.com

杭州欧佩亚海洋工程有限公司（简称“欧佩亚”）是一家专业为海洋油气田开发工程提供全产业链服务与产品的海洋工程公司，业务领域包括海管与立管、水下工程、海工装备与船舶。欧佩亚承担 40 多项海工科研项目，在海洋工程领域取得了关键性的科技成果，已出版 11 本国际理论专著，9 本中文海工专著，拥有 40 多项国家专利，发表 100 多篇国际论文。欧佩亚将大力发展海洋石油高端装备和新材料、海洋人工智能、海洋新能源开发三大业务板块，成为世界一流海洋工程装备和新能源材料的服务商及供应商。

台州理工船舶工程设计有限公司

地址：浙江省台州市椒江区市府大道东段 201 号椒江科技创业服务中心 12 楼
电话：0576-88038828 0576-88038798　传真：0576-88038908
邮箱：tzlgship@126.com　网址：www.lgship.com

台州理工船舶工程设计有限公司成立于 2006 年，是依托武汉理工大学交通学院组建的专门提供船舶与海洋工程设计、咨询、监造、研究、开发、试验检测、计算与业务培训、水运系统分析与评估等服务的设计研究机构。

公司拥有一支高素质的管理队伍和技术团队，拥有高、中级职称技术人员数十名，科研设计办公软硬件设施齐全，拥有各类国内外先进船舶专业软件 10 余套。

通过多年的积累，公司已建成了产品丰富的船型库，船型主要包括：散货船、多用途货船、甲板运输船、专用集装箱船、油船（成品油运输船、原油船、供油船、浮油回收船、溢油应急处置船等）、化学品船、客船（现代型、仿古型、游艇、车渡、客渡、餐饮等）、滚装船、工程船（海洋铺管船、起重船、挖泥船、过驳船、开体泥驳、开底泥驳、吸沙船、卸沙船、拖船等）、渔船等。

考虑到长远的发展，公司分别在台州、广州、宁波、武汉成立了四家设计公司，分别为台州理工船舶工程设计有限公司、广州明益船舶设计有限公司、宁波东红船舶海洋工程设计股份有限公司、武汉翌航船舶工程设计有限公司。

扬帆集团股份有限公司

Yangfan Group Co.,Ltd.

地址：浙江省舟山市普陀区沈家门鲁家峙路 169 号　　网址：www.eyangfan.com
电话：0580-6876577　　传真：0580-3064765
邮箱：yfnewbuilding@126.com

扬帆集团股份有限公司（简称“扬帆集团”）位于浙江省舟山市，成立于 1952 年，已有近 70 年造船历史，是集船舶设计、建造和船配为一体的企业集团，是国内造船骨干企业、浙江省船舶行业龙头企业、中国船舶工业行业协会副会长单位。自 2006 年 8 月改制，被北京建龙重工集团有限公司收购，成为建龙集团旗下一个业务板块，截至 2018 年底共完成 268 艘船舶（90% 以上为出口船舶）的建造交付。公司通过英国劳氏三体系认证。

扬帆集团总占地面积 118 万 m^2，总岸线 2 100 m。下属企业包括：两家造船子公司（浙江东海岸船业有限公司、舟山大神洲造船有限公司）、一家船配公司（浙江扬帆通用机械制造有限公司）、一家船舶设计研究院和船型研发所（扬帆集团船舶设计研究院、扬帆集团上海船舶技术有限公司）。年造船能力达 150 万 DWT，致力于高附加值、高技术含量出口船舶产品的研发和制造。

GRANDE NEW JERSEY
GRIMALDI LINES

HARBOUR FIRST
MADEIRA

杭州钱航船舶修造有限公司

地址：杭州市萧山区义桥镇镇江滨路 7 号　　网址：http://www.hzqhcb.com
电话：0571-57179391　　邮箱：hzqhjh@126.com

杭州钱航船舶修造有限公司位于钱塘江、富春江、浦阳江三江交汇处——杭州市萧山区义桥镇，生产占地面积 22 446 m^2，沿江岸线 210 m，注册资金 2 亿元人民币。公司始建于 1954 年，隶属于浙江省交通厅，原名为浙江钱江航运公司船舶修造厂，2002 年改制为有限责任公司。公司提供从船舶咨询、研发设计、生产建造及技术服务到售后保养的“一站式交钥匙船舶工程”服务。经过 60 多年的发展，公司已成为浙江省行业内的公务艇、游艇研发制造的龙头企业，尤其是钢 - 铝公务艇、全铝高速艇、无人船、仿古游艇在国内处于领先地位。从 1998 年开始，公司一直承担内河和沿海各海事局、港航管理局、周边地区各旅游局、浙江省边防总队、市政建设等单位的船艇生产和养护任务，2014 年起承担中国人民武装警察部队内河交通艇等武警船艇装备的生产任务。

海巡 1197

杭州泰达船舶设计有限公司

Hangzhou Taida Ship Design Co., Ltd.

地址：浙江省杭州市凤起东路 8 号江能大厦　　网址：hztdcb.cn.zhongsou.net
电话：0571-87156630　　邮箱：tdhz@sina.com

杭州泰达船舶设计有限公司创立于 2005 年，专业从事各类船舶的设计与科研开发。主要业务包括船舶的方案设计、技术设计、生产设计、船舶工程的技术咨询服务、船舶资料中英文翻译、船舶装载仪软件的研制和开发、船舶设计及管理相关的计算机应用软件的开发等。

公司拥有多种船舶设计软件，如 CCS Compass 计算软件、SB3DS 船舶生产设计软件及船舶线型光顺、数控放样等软件。

公司下设技术部、经营部、行政管理部、内勤资料部、财务部五部门。其中，技术部由总工程师负责，下设船、机、电三个专业。

SEAHEAD 浙江欣海船舶设计研究院股份有限公司

地址：浙江省舟山市临城街道体育路 10 号科研大楼 15 楼　　邮编：316021
电话：0580-3821007　　传真：0580-3821010
网址：www.seahead.com.cn　　邮箱：zjseahead@seahead.com.cn

浙江欣海船舶设计研究院股份有限公司（简称“浙江欣海”）成立于 1997 年，是专门从事船舶设计、研发、检测与技术咨询的省级重点企业研究院。研究院通过 20 多年的发展，共为国内外百余家修造船厂提供服务，研发设计的各类船舶产品遍布全国各地。

浙江欣海分别于 2000 年和 2001 年获得国家农业部颁发的甲级渔业船舶设计资质证书和浙江省船舶检验局颁发的甲级船舶设计资质证书，2003 年 7 月被浙江省科技厅认定为首家省级民营科技研究开发机构，同年 8 月又被浙江省科技厅授予“舟山船舶修造业省级区域科技创新服务中心”和“舟山船舶修造业生产力促进中心”称号。2005 年 12 月，公司获得中国船级社 ISO 9001:2000 质量管理体系认证证书。

杭州现代船舶设计研究有限公司

Hangzhou Modern Ship Design& Research Co., Ltd.

地址：浙江省杭州市滨江区东信大道逸天广场　　网址：www.vzj-zmsd.com
电话：0571-28931000　　邮箱：zjxdship@126.com

杭州现代船舶设计研究有限公司创建于 1978 年，主要从事各类船舶设计及船舶新技术的研究工作。公司率先通过了 ISO 质量管理体系认证，是浙江省船舶行业协会副会长单位、浙江省甲级船舶设计单位。

公司的主要设计产品有：大中型散货船、油船、化学品船、集装箱船、海洋工作平台、沿海起重船等，并借此与世界各知名船级社，如中国船级社（China Classification Society，CCS）、美国船级社（American Bureau of Shipping，ABS）、法国船级社（Bureau Veritas，BV）、日本船级社（Nippon kaiji kyokai，NK）、韩国船级社（Korean Register of Shipping，KR）等建立了良好的业务联系。此外，公司在客滚船、高速船、公务船、交通船、游览船、工程船及节能船型的设计研究方面具有丰富的实际经验，深受船东的信赖。

宁波东方船舶设计院有限公司

Ningbo Oriental Ship Design Institute Co.,Ltd.

地址：宁波市江东区江东北路 375 号
电话：0574-87383379
网址：www.ndf-ship.com
邮箱：ndf@ndf-ship.com

宁波东方船舶设计院有限公司创立于 1999 年 11 月，主要经营船舶及钢结构设计、船舶检测技术咨询服务等。2008 年公司荣获了宁波市江东区“船舶设计工程技术中心”和区级“科技服务业企业”称号，通过了 ISO9001:2008 质量管理体系认证，获得了国家科技局批准的“船舶设计技术公共服务平台”的立项证书。

公司拥有先进的 Compass 计算软件及船、机、电技术设计、生产设计专业软件，公约、法规、各船级社的规范和船舶工业标准资料以及大型激光工程机、绘图仪、扫描仪、复印机等配套设施一应俱全。

公司目前已研发了 60 000 t 级以下的成品油船、化学品船、散货船、多用途船、集装箱船等系列产品以及冷藏船、打桩船、开底驳等工程船舶，初步建成了品种齐全、经济实用、性能优良的船型库。研发设计的船舶产品遍布全国各地，并出口至意大利、马来西亚、俄罗斯、阿联酋、希腊等国。公司与中国船级社(China Classification Society ,CCS)、法国船级社(Bureau Veritas，BV)、意大利船级社（Registo Italiano Navade,RINA）、中国船检局（ZC）等国内外知名的船级社和地方船检部门有着良好合作关系。

舟山市卓林船舶设计有限公司

Zhoushan Zhuolin Ship Design Co.,Ltd.

地址：浙江省舟山市普陀区东海西路 2119 号　　网址：www.zszhuolin.com

电话：0580-2823613　　邮箱：zhuolin_06@163.com

舟山市卓林船舶设计有限公司主营业务为船舶设计、测绘及咨询等。公司于 2008 年获得国家农业部颁发的乙级渔业船舶设计资质。2009 年 12 月通过了中国质量认证中心 ISO9001:2008 质量管理体系认证。

公司拥有先进的 Compass-Rules、Shippower 螺旋桨及航速估算设计软件、CAD 软件以及门类齐全的船舶设计绘图仪、晒图机、打印机、复印机等先进设备。严格按照中国船检局（ZC）、中国船级社（China Classification Society，CCS）、国际船级社协会 (International Association of Classification Societies，IACS)、法国船级社（Bureau Veritas，BV）、中国渔检局（ZY）等规范进行设计。经过四年多的发展，公司现有员工 30 余名，其中副教授、高级工程师、工程师 10 余名，各类专业技术人员占员工总数的 80%，已具备各类散货船、集装箱船、油船、化学品船、工程船、客船、驳船、拖船、渔轮的设计能力。公司本着精心设计、想用户所想的宗旨，与船东、船厂密切配合，受到客户一致好评。

舟山万达船舶设计有限公司

Zhoushan Wanda Ship Design Co., Ltd.

地址：浙江省舟山市普陀区
网址：www.zjwonderful.net
电话：0580-6386999
邮箱：info@zjwonderful.net

舟山万达船舶设计有限公司于2010年4月通过ISO9001: 2008质量管理体系认证，2011年6月被认定为渔业船舶甲级资质设计单位，并配备了各种设计软件，具备大开口计算、轴系扭振计算、轴系校中计算及结构有限元计算的设计能力。公司还具备散货船、集装箱船、油船、化学品船、渔业加工船、远洋鱿鱼钓船、拖网船、冷藏运输船、挖泥船、客滚船、平台供应船、拖轮、浮船坞等多个产品系列的设计与研发能力，并与CCS、BV、RINA等审图机构及建造单位建立了良好的合作关系，形成了产品开发、基础设计、详细设计、生产设计和现场技术服务的产业体系。

PaxOcean　太平洋海洋工程（舟山）有限公司

地址：浙江省舟山市定海区小沙街道长白海工路1号　网址：www.zjwonderful.net
电话：0580-6386999　邮箱：marketing@paxoceanzhoushan.com

太平洋海洋工程（舟山）有限公司成立于2006年10月，为隶属香港嘉里集团（在东南亚被广称为“郭兄弟集团”）旗下的新加坡太平洋中国集团（舟山）私人有限公司的全资子公司。太平洋海洋工程（舟山）有限公司于2011年3月正式投产，并于2012年4月顺利通过美国船级社ISO 9001:2008和OHSAS 18001:2007的认证。船厂拥有两座大型船坞：中央船坞为400 m（长）x 106 m（宽）x 13.7 m（高），西港池为380 m（长）x 80 m（宽）x 13.7m（高），凭借这两座大型船坞，可承接不同大小、类型的船舶。船厂建造组装区域面积共计89 000 m^2，同时配置有重型门座式起重机和龙门吊以便提供更广泛的制造服务。

公司管理层都是来自不同国家的船厂，有着多年工作经验的专业技术人员。我们坚信，拥有最专业的人员，使用最前沿的尖端设备能按时为客户提供最具竞争力的价格以及最好的产品和服务，从而给客户带来利益。在一流的工作条件下，公司致力于创造良好的企业文化，使员工能够不断自我提升，且太平洋海洋工程（舟山）有限公司拥有50年土地使用证书，可以设计、制造、改装销售各类船舶及海洋工程产品，包括不同类型的海洋工程钻井平台。我们提供全方位的服务，包括修、改、升级、改装和新造船。可对于新造船进行升级、改装、延长使用寿命；可维修各类船舶，包括各类超级油轮（Ultra Large Crude Carriers，ULCC）、超大型油轮（Very Large Crude Carrier，VLCC）、大型矿砂船（Very Large Ore Carrier，VLOC），集装箱船、散货船等；海洋工程钻井船舶、挖泥船、铺管船；浮式生产和浮式生产储油轮、自升式平台、半潜式平台。

常玻 CHAMPION BOAT 常州玻璃钢造船厂有限公司

地址：常州市新北区春江镇新华村委新福圩 100 号　　网址：www.cbboat.com
电话：0519-85719680 0519-85211146 0519-85719787　　邮箱：sales@cbboat.com

常州玻璃钢造船厂有限公司成立于 1979 年，是国内各类复合材料、钢质及铝质高性能船艇设计、制造和销售领域的典范，同时，是中国人民解放军、陆军船艇部队、工程兵、海军、武警部队、公安边防、海关总署、海监总队、海事局、农业部等单位玻璃钢巡逻执法艇的主要生产基地。

公司生产设施完备，拥有国内先进的淋水试验设备，能满足各类船型的开发和制造需求。公司现有职工 300 余人，其中各类技术人员 60 余人，中高级职称 30 余人；设有高性能船艇工程技术研究中心，并获批建设江苏省研究生工作站，具有雄厚的研究和设计开发能力；在产品研发、技术创新等方面取得多项发明及实用新型专利，多次获得国家和省部级各种奖项。

公司已通过 ISO9001:2015 质量管理体系认证，是 ISO14001:2015 环境管理体系认证和 ISO18001:2007 职业健康安全体系认证企业。

展望未来，常州玻璃钢造船厂有限公司励志打造中国船艇行业标杆，以提供产品和服务为使命，以市场为导向，以满足客户的需求为宗旨，依托集团协同竞争的资源优势，实现为社会贡献价值，为客户创造价值，为员工实现价值的发展蓝图。

江苏科技大学海洋装备研究院

地址：江苏省镇江市梦溪路 2 号　　网址：https://justmeti.just.edu.cn/
电话：0511-84401505　　邮箱：meti@just.edu.cn

江苏科技大学海洋装备研究院是江苏科技大学的专职科研机构，专门从事海洋装备的研究、设计和开发，是经江苏省科技厅认定的新型研发机构（联合重大创新载体）、江苏省海洋工程装备优势产业链的智库单位，也是江苏高校（高技术船舶）协同创新中心、江苏省船舶工业协会、中国船舶与海洋工程产业知识产权联盟的实体运行管理机构，荣获首届江苏省科技创新发展奖先进单位（集体）。

研究院主要面向国家海洋战略和地方海洋装备产业发展需求，围绕海洋运输装备、海洋开发装备、海洋安全装备、海洋科考装备、海洋装备制造技术与装备五大领域，致力于开展重大核心技术和共性技术研究、关键系统与装置产品研发、科技成果培育和产业化转移，发展新型政产学研合作与联合创新机制，推进海洋装备科技成果的集成化、产业化和国际化。

极地船舶

极地低温救生艇及降放装置

南通中远海运川崎船舶工程有限公司

地址：江苏省南通市长江中路 901 号　　网址：www.nacks.com
电话：0513-85168888　　传真：0513-83514349

南通中远海运川崎船舶工程有限公司是中国远洋海运集团与日本川崎重工业株式会社合资成立的我国首家大型中外合资造船企业。公司注册资本 14.6 亿元，总投资逾 60 亿元，中日双方股份各占 50%。公司秉持“致力成为全球海上物流载体最佳提供者”的初心，自 1995 年筹建以来，坚持持续改善理念，推进精益管理，完善服务体系，保持了稳健的发展态势，被誉为中国造船业标杆企业。造船完工量、新船接单量、手持订单量三大造船指标连续位居中国造船业十强企业。公司劳动生产率、钢材利用率、能耗、单船工时等多项经济技术指标保持中国造船纪录，部分指标达到日、韩先进水平，被誉为世界最具竞争力的船厂，成为国际主流航运公司的重要战略合作伙伴。

公司工艺布局合理，产能设施配套，建有 30 万 t 级、50 万 t 级船坞各一座，分别配备两台 300 t 门式吊机和两台 800 t 门式吊机，年生产能力达 220 万 DWT。公司通过高起点消化吸收合资双方先进的船舶制造技术和管理经验，形成了研发和承建“高科技含量、高附加值和节能环保船舶”的产品定位，并把提升船舶全生命周期价值作为自己的服务目标。主要产品涵盖散货船、汽车运输船、超大型集装箱船、油轮、矿砂船、特种船、双燃料船等主流商船，迄今共建造交付 200 余艘高品质船舶。其中，30 万 t 超大型油轮、30 万 t 超大型矿砂船、5 000 车位 /6 200 车位汽车滚装船、10 000 TEU/13 386 TEU/20 000 TEU 集装箱船、4 000 车位 LNG 双燃料汽车运输船等多个船型均为国内或国际首制。

公司通过推进自主研发能力建设，培养和造就了一支拥有近 400 人的技术研发队伍，为国内少数具备全流程设计能力（基本设计→详细设计→生产设计）的船厂，形成了应对市场需求的快速设计能力，促进了产品的个性化和客户价值的提升。近年来，公司顺应国家战略部署和造船业信息化、智能化发展要求，深入推进“两化融合”，持续实施生产自动化、智能制造，拥有多条自动化、半自动化生产线，2015 年被国家工业和信息化部认定为船舶行业首家智能制造试点示范项目企业。2017 年，公司智能船厂建设项目成功入选工业和信息化部“2017 年制造业与互联网融合发展试点示范项目”名录，成为船舶行业唯一一家“智能工厂解决方案试点示范”项目企业。

UECC

COSCO SHIPPING

CSSC 中国船舶重工集团公司第七〇二研究所

地址：江苏省无锡市滨湖区山水东路 222 号
网址：www.cssrc.com.cn
电话：0510-85555311 0510-85555702
邮箱：cssrc@cssrc.com.cn

中国船舶重工集团有限公司第七〇二研究所主要从事船舶及海洋工程领域的水动力学、结构力学及振动、噪声、抗冲击等相关技术的应用基础研究，以及高性能船舶与水下工程的研究设计与开发。七〇二研究所坚持科技创新，成功研制了大深度载人潜水器、掠海地效翼船、小水线面双体船、水翼船、援潜救生设备、Z 型全回转推进器、高速游艇、水上游乐设施、环保型保温棉生产线、以蓝藻打捞与处理及生态清淤装备为代表的水环境治理装备等系列产品，开发了 SHIDS 船舶性能设计系统等专用软件。许多科研成果已转化为产品或应用于船舶设计、建造和标准规范的编制中，为我国船舶和海洋工程事业及地方经济发展做出了重要贡献。

江苏省船舶设计研究所有限公司

JIANGSU SHIP DESGIN & RESEARCH INSTIUTE CO,. LTD.

地址：江苏省镇江市正东路 5 号　　网址：www.jssdri.com
电话：0511-80821288 0511-80821268　　邮箱：jssdri@163.com

江苏省船舶设计研究所成立于 1978 年，隶属于江苏省交通运输厅，是江苏省专业从事船舶设计研究的科研院所，主要从事各类民用运输船舶、军辅船舶、工程船舶、特种船及钢结构的研究与设计工作。全所拥有专业技术人员近 60 名，其中教授级高级工程师、高级工程师近 30 名。

建所近 40 年来，为增进我国造船和水运事业的发展与进步发挥了积极的作用。近 10 多年来，研究所以市场为导向，依靠自身的科研实力，进一步加大了运输船舶和工程船舶的研究与开发力度，取得了突破性进展，尤其是各类工程船舶、特种船舶的研发，紧跟世界研究成果，处于国内先进地位。

研究所先后为全国各地用户完成开发了系列挖泥船（80 ~ 8 000 m^3/h）、系列起重船（100 ~ 5 000 t）、系列打桩船（桩架高度 60 ~ 128 m）、系列长江车客渡（38 m、42 m、45 m、49 m、56 m 等）、系列全回转港作拖船以及各种用途的系列公务执法船艇；近几年又先后与天津海王星公司等单位合作，研究开发了自升式生活支持平台，三腿自升式修井平台，集钻修井、油气生产、人员居住为一体的 MOPU 平台，软管铺设船，以及自主研发的 250 ~ 1 000 m^3 自航开体泥驳、浅水风电浮吊、滩涂用坐底式风电安装起重船、浅水坐底式钻井平台、大型采选矿船等，均受到广大用户的好评。

招商局重工（江苏）有限公司

地址：江苏省南通市海门市滨江街道新安江路 1 号 传真：+86 513 81287605
电话：0513-82298865 邮箱：businessjs @cmhk.com

招商局重工（江苏）有限公司是招商局集团有限公司旗下招商局工业集团的核心企业之一，成立于 2013 年，注册资金 2 亿美元，在厂员工近 2 500 人，厂区面积 136 万 m^2，岸线长 2 500 m。公司主营为业务海洋工程装备的研发设计、建造和修理，包括海洋石油钻井平台、风电安装服务平台、FPSO、液化天然气船、半潜式起重平台、极地探险邮轮、中型豪华邮轮等高附加值产品。

aurora
ULSTEIN

江苏省镇江船厂（集团）有限公司
JIANGSU ZHENJIANG SHIPYARD (GROUP) CO.,TLD.

地址：江苏省镇江市京江路 8 号　　传真：0511-85637107
电话：0511-85637101　0511-85637218　　网址：www.zjshipyard.com

江苏省镇江船厂（集团）有限公司（简称“镇江船厂”），前身为江苏省镇江船厂，最早成立于 1951 年 5 月 25 日，是江苏省第一家船舶制造企业，也是经重新认定后的第一家船舶类高新技术企业，江苏省重点产业链基地骨干企业，国家工业和信息化部公布的我国造船业第一批符合《船舶行业规范条件》企业，国家发展和改革委员会战略性新兴产业重点关注企业。企业于 2003 年搬迁至江苏润扬公路大桥东侧，2004 年完成改制。现拥有江苏蓝波船舶制造有限公司、镇江市蓝波船舶设计有限公司等 5 个全资子公司以及境内 1 个、境外 2 个参股子公司和 1 个船坞分厂。

在 20 世纪 70 年代的发展历程中，镇江船厂始终坚持“特色经营、差异竞争、错位发展”的经营理念，把“凡事认真、不找借口、坚守承诺、思变求新、做精特色”作为基本遵循，专注于特种工程船舶的研制，确立了具有鲜明个性、显著特点、较强生命力的市场定位，形成了多功能全回转工作船、多用途海洋工程船、公务用船等为代表的系列产品，在我国特种工程船舶领域创造了“46 项中国第一”。其中多功能全回转工作船，国内市场占有率超过 70%，建造总量稳居“中国第一”，2020 年被评定为“中国制造业单项冠军产品”，成为我国多功能全回转拖船设计建造的第一品牌。企业多用途海洋工程船舶的建造总量达到近百艘，在功率设计、功能配置、环保节能以及稳性、可操纵等总体性能上达到世界先进水平。产品遍布沿海各大港口并远销亚洲、非洲、欧洲、美洲等 20 多个国家和地区。

江苏现代造船技术有限公司

地址：江苏省镇江市梦溪路 2 号　　网址：www.jamtc.com
电话：0511-84407222　　传真：0511-84499003

江苏现代造船技术有限公司是江苏科技大学发起成立的科技型企业，是工业和信息化部认定的国家中小企业公共服务示范平台，是江苏省经济贸易委员会设立的省级行业技术中心“江苏省船舶先进制造技术中心”和江苏省科技厅批准成立的省级科技公共服务平台“江苏省船舶数字化设计制造技术中心”的运行载体 ,2011 年江苏省教育厅批准公司和江苏科技大学合作建设“江苏省船舶数字化设计制造技术工程实践教育中心”，2019 年获国家甲级一般船舶设计单位。公司已通过 ISO9000 质量管理体系和 GB/T 29490 知识产权管理体系认证。

公司拥有 200 余名员工，其中博士 6 名，硕士 27 名，本科 150 多名。公司拥有发明专利 23 项、实用新型专利 7 项、计算机软件著作权 21 项、注册商标 4 项、高新技术产品 3 项、软件产品 3 项，获省部级二等奖获 3 项、三等奖 1 项。

公司长期致力于船舶与海洋工程装备数字化设计制造技术的创新，建立了适应我国船企的、领先的数字化设计、生产、管理一体化设计流程、工作标准及生产设计体系，已开展了 80 多型船舶的生产设计，包括 GM4DII 深水钻井平台、小型极地邮轮、ROPAX 高端客滚船、1 200 m^3 LPG 船、23 000 m^3 LNG 运输加注船、FPSO 浮式生产储油卸油装置、23 000TEU 集装箱、 208 000 DWT 各型散货船、38 800 DWT 双相不锈钢化学品船、4 300PCTC 滚装船、1 600 t 风电起重船、38 000 t 半潜船等。

江苏新时代造船有限公司

地址：江苏靖江丹华港港口 网址：www.ntship.com.cn
电话：0523-84216239 0523-84215129 邮箱：Business@ntship.com.cn

江苏新时代造船有限公司位于中国江苏靖江市江阴长江大桥下游 10 km 处，地处长江三角洲黄金水道，江面宽阔，水深流稳，水陆交通便利。具备建造 30 万吨以下各类船舶的自然条件。公司占地总面积 162 万 m^2，长江岸线 3.2 km。

公司现有 10 万 t 级、30 万 t 级、50 万 t 级大型干船坞各一座，300 t 门吊、600 t 门吊各一台，800 t 门吊两台，有 8 个万 t 级以上泊位的船舶舾装码头。公司拥有独立的上海设计研发公司和经江苏省认定的技术中心，先后与国内外先进船舶设计院所开展广泛的技术交流和合作，具备较高的生产设计能力。公司通过了质量、安全、能源、环境和职业健康体系认证、江苏省一级 1 类钢质船舶生产企业的评审以及国家级高新技术企业认定。

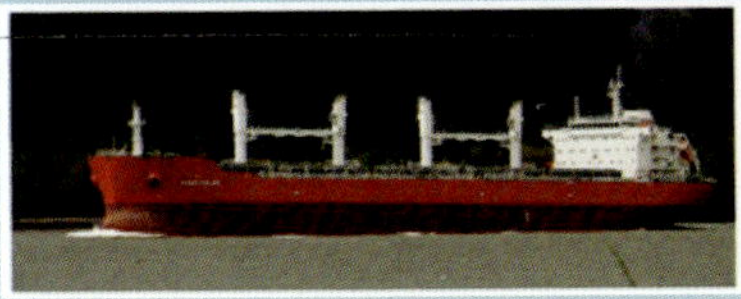

NODRI 南通诺德瑞海洋工程研究院有限公司

地址：江苏省南通市通州区世纪大道 266 号 D5 楼　网址：www.nodri.cn
电话：0513-81506222　邮箱：Business@bestmarine.cn NODRI@nodri.cn

南通诺德瑞海洋工程研究院有限公司（简称“海工院”）是一家为国内外船东、海洋工程公司和船厂客户提供船舶与海洋工程研发、设计、EPC 项目总包、压载水处理、LNG 燃料供气系统以及其他技术咨询服务的集团公司。公司总部现位于素有“船谷”美誉之称的南通市高新区江海智汇园内。

海工院研发设计覆盖了总体、船体、轮机、管系、电气、舾装（包括通风和内装）、涂装等各个专业，设计人员拥有丰富的化学品船、小型 LNG 运输船、散货船、油船、多用途船、集装箱船、工程船、海工辅助船和海工平台等船舶及海工设计经验。尤其在详细设计和生产设计方面，公司拥有强大的实力，并且本着为客户服务的宗旨，在整个建造过程中，提供全程跟踪服务，随时为客户提供解决方案，力求达到成本、质量、效益、效率的最佳结合。

江苏新扬子造船有限公司

地址：江苏省靖江市江阴—靖江工业园区联谊路 1 号
电话：0523-84660022
网址：www.yzjship.com
邮箱：yzjship@yzjship.com

江苏新扬子造船有限公司是集造船及海洋工程制造为主业，航运租赁、贸易物流、地产置业为补充的大型企业集团。公司的历史可回溯到 1956 年，当初是由一个修造船合作社起步，经过 1975 年的迁厂、1999 年的股份改制、2005 年的跨江建设新厂、2007 年上市等一系列发展，如今已是中国首家在新加坡上市的造船企业。

公司下辖江苏新扬子造船有限公司、江苏扬子鑫福造船有限公司、江苏扬子三井造船有限公司及江苏扬子江船厂有限公司 4 家造船企业，分布于长江下游江苏省境内的靖江市、泰兴市和太仓市的黄金水道两岸，距上海、南京两大城市均约 170 km。

公司目前总资产超过 700 亿人民币，占地面积超 500 万 m^2，码头岸线 7 000 m，职工 6 000 余名。公司拥有巨型干船坞 3 座，大中型船台 3 座，年造船生产能力 600 万 DWT，以大中型集装箱船，散货船，油轮，化学品等液货船，LNG、LEG、LPG 等清洁能源船，各种多用途船和海洋工程装备为主流产品。公司拥有一流的造船技术，强大的造船设施和装备，完善的生产工艺流程，是江苏省高新技术企业。公司具备严格的环境、职业健康安全及质量保证体系，产品得到了各大船东的赞誉。

YANG MING

GRANDIS

象屿海装 南通象屿海洋装备有限责任公司

地址：江苏省南通市通州区五接镇天后宫村象屿路 1 号　　网址：www.xysoe.com
电话：0513-68383915　　邮箱：ntxy@xysoe.com

南通象屿海洋装备有限责任公司成立于 2016 年 12 月，注册资金 2 亿人民币，是一家大型海工和船舶制造企业。公司目前主要以生产 10 万 t 以下环保节能系列散货船、油船和集装箱船，中小型不锈钢 / 特涂化学品船以及其他工程船为主。

公司引进了一批高尖端的专业人才，组建了一支高素质的管理团队，拥有技术人员及工程师 300 多人，包括高级工程师 8 人，工程师 80 人。研发中心人员对船舶、海洋工程等技术进行深入研究和开发利用，在船舶研发、生产、应用和产业化开发等方面积累了丰富的经验，并取得了相应的成果。

SMO 南通欣通船舶与海洋工程设计有限公司

地址：江苏省南通市跃龙南路 182 号数字大厦 1101 室　　网址：www.smoffshore.com
电话：0513-81550929　15962980663　　邮箱：SMO@smoffshore.com

南通欣通船舶与海洋工程设计有限公司经江苏省南通市人民政府批准，工商行政管理局注册成立的具有独立法人资格的新加坡独资企业。公司成立于 2008 年 2 月，主要从事船舶与海洋工程设计领域的设计、计算、分析、工程监理、现场技术服务、软件代理。设计范围包括集装箱船、多用途船、散货船、油船、滚装船、客船、拖船、半潜式下水驳等船舶；海洋工程包括海洋石油钻井平台、生活平台、铺管船、储油船、供应船等；为船东、船厂提供询价、设计咨询；提供报价设计、合同设计、技术设计、详细设计和旧船改造的设计、工程监理和现场技术服务、软件开发及代理、船用设备代理。公司于 2009 年通过挪威船级社 ISO9001 质量管理体系认证。至今，已有 2 个发明专利，29 个实用新型专利。

公司为船东、船厂提供高效、低成本、优质的专业服务及解决方案，充分体现高效优质、客户至上的宗旨。

南通中集太平洋海洋工程有限公司

地址：江苏省启东市海工大道888-889号
网址：www.cimcsoe.com/cn
电话：0513-83828999
邮箱：biz@cimc.com

南通中集太平洋海洋工程有限公司是一家专业制造液化气船及液货系统，海工模块等高端装备的国际工程公司。公司于2006年创立，2017年8月加盟中集安瑞科控股有限公司（股票代码：03899.HK），成为中集集团“能源、化工及食品装备”板块中的一员。

公司为国家高新技术企业、工业和信息化部首批符合《船舶行业规范条件》的企业，是工业和信息化部高技术船舶科研计划和海洋工程装备重点科研项目、江苏省科技成果转化项目承担单位，建有省级企业技术中心及工程技术研究中心，荣膺国家级企业管理现代化创新成果奖。

公司是世界中小型液化气船细分市场的领先者，为客户提供节能环保、技术创新的专业解决方案。产品链覆盖LPG、LEG、LNG等各种液化气的全压式、半冷半压式系列运输船。截至2018年底，已经交付5 000 m^3 LPG、12 000 m^3 LEG、16 500 m^3 LPG、17 000 m^3 LEG、22 000 m^3 LEG 、27 500 m^3 多用途LNG运输船、38 000 m^3 LEG等系列船30多艘，全球市场占有率名列前茅。公司建造的EcoStar 36K系列首制船、38 000 m^3 液态乙烷/乙烯气体运输船“GasChem Beluga”号，被国际著名专业杂志《Maritime Report & Engineering News》评为“2017全球十大名船”。

公司也是国内海工模块建造的先行者。作为国内首家通过世界石油巨头法国道达尔公司审核认证的海工装备合格供应商，已成功交付再气化模块、FPSO上部模块、电气模块、甲板室模块等各类模块20多个，其中LNG再气化模块的全球市场占有率位居榜首，还完成了工业和信息化部同类重大装备国产化研发项目。

2014年承接并于2016年成功交付的国家“一带一路”倡议提出后的首个超级工程项目——俄罗斯亚马尔天然气工厂的管廊模块项目，展现了公司日臻成熟的模块生产技术和大型国际化工程项目管理能力。

公司加盟中集安瑞科控股有限公司后，作为中集集团天然气装备和服务产业链的重要环节，在集团多层次、全方位的支持下，产品交付和新接订单成绩斐然。公司通过精益管理和智能制造，将为全球客户提供更加丰富的产品和服务，努力跻身国际一流海工企业行列。

无锡东方高速艇发展有限公司

地址：江苏省无锡市滨湖区胡埭工业园西拓区振胡北路 68 号　　网址：www.smoffshore.com
电话：0510-85598880 0510-85555345　　邮箱：SMO@smoffshore.com

无锡东方高速艇发展有限公司是一家具有 30 多年历史的专业船艇公司，是由中国船舶重工集团有限公司七〇二研究所创办并控股的国家高新技术企业，专注于设计、制造各类高速艇公务艇、商用旅游船、各类高性能及特种用途船艇及游艇，并兼营各种码头及水上娱乐等配套设施。

公司是中国船舶工业协会船艇分会副理事长、复合材料行业协会理事、江苏省造船学会游艇与工作船专业委员会主任单位。

扬州亚华船舶技术开发有限公司

地址：江苏省扬州市江阳西路 109 号峰创国际大厦 B 座 502-505 室　　网址：www.yzyahua.com
电话：0514-87986010 0514-87986020　　邮箱：yzyahua@126.com

扬州亚华船舶技术开发有限公司于 2005 年 3 月在历史悠久的造船之乡江苏省扬州市正式成立，是一家以船舶及海洋工程设计为主业的综合性研发和设计的高科技型民营股份制公司，为国内外船东和船厂客户提供船舶与海洋工程的研发、设计以及其他技术咨询服务。公司通过了 ISO9001 质量管理体系认证。

公司专业化从事各种船舶及海洋工程的送审设计、详细设计和生产设计。公司以世界先进的计算机三维造船设计软件为技术手段，聘请了一批具有丰富实践经验的船舶专业设计人才，拥有一套完整的管理、设计、生产流程和制度，可提供船舶制造业“生产—设计—管理”一体化的完整技术解决方案。公司现有专业设计人员 100 人。

公司将始终秉承“客户至上，服务第一”的企业理念，不断提升船型研发能力和设计能力，为客户提供最优的设计方案和技术服务，不断提升企业价值，努力将企业打造成国内最具国际竞争力的船舶和海洋工程科技企业。

扬州海宏船舶设计有限公司

Yangzhou Haihong Ship Design Co.,Ltd.

地址：江苏省扬州市文昌中路 58 号
网址：www.yzhaihong.cn
电话：0514-87894722
邮箱：haihongyz@vip.163.com

扬州海宏船舶设计有限公司经营范围：民用船舶、海洋工程、钢结构工程设计；船舶生产技术咨询及支持；船舶建造监理。

公司拥有一流的计算机设计软件，本着一切为用户着想的宗旨，坚持严谨、执行、拼搏、进取的企业精神，依靠强大的人才及技术优势为船东、船厂提供细致周到的服务。公司曾为南通通洋船厂完成了 7 000DWT 供油船船体、舾装、电气的一体化设计，获得了船厂和新加坡船东的一致认可；为大连中远船务工程有限公司承建了世界上第一艘 20 万 t FPDSO 的一体化设计工作，取得了令人满意的效果。

江苏金泰船舶研究设计有限公司

JIANGSU JINTAI SHIP RESEARCH & DESIGN CO.,LTD.

地址：江苏省南京市中华路 363 号 305 室　　邮编：210006
电话：025-86620294　　传真：jintai-ship@vip.163com　　网址：www.jsjintai.net

江苏金泰船舶研究设计有限公司（江苏省造船公司设计研究中心）是江苏省从事船舶研究设计、船型开发的专业设计公司，成立于 1978 年，于 2001 年进行重组。公司以市场为导向，设计船型覆盖了散货船、集装箱船、拖船、化学品船、工程船、高速船、执法艇等绝大多数民用船型。公司产品按 CCS、ABS、BV、DNV 、ZC 等船级社及相关部门规范入级并出口东南亚。

现公司在常州市设有分公司，有技术人员 45 名，高中级以上职称人员 26 名。

公司注册资本 500 万元，保持着 ISO9000 认证体系，在江苏省船舶检验局颁发的（江浙沪通用）《船舶设计单位基本条件评估报告》中，船型设计范围无限制；多次被评为船舶设计质量信誉单位。

350 TEU集装箱船

2 000 t化学品船

15 000 t散货船

1200客渡轮

130 m化工趸船

仿明代郑和宝船

江苏海艺船舶科技有限公司

Jiangsu Haiyi Ship S&T Co.,Ltd.

地址：江苏省镇江市丁卯桥路 232 号
网址：www.jshyship.com
电话：0511-85982888
邮箱：jshy5982888@163.com

江苏海艺船舶科技有限公司成立于 2007 年 1 月，公司现有职工 27 人，其中研究员级高级工程师、高级工程师 8 人，工程师 6 人，助理工程师 10 人。

公司于 2007 年 1 月通过江苏省地方海事局“船舶设计单位技术条件认可证书”资质认证（设计范围：各种类型的船舶）；2008 年 1 月通过 ISO9001:2000 质量管理体系认证；2009 年 7 月通过中华人民共和国农业部“渔业船舶设计单位资格证书”乙级资格。

公司主要从事 30 000 t 以下各种运输船、公务船、客船、高速艇、工程船、特种船舶的科研与技术设计、生产设计，以及船舶、钢结构制造的监理与技术咨询。

公司将坚持和遵循“创新理念、创新思维、创新技术、创新服务”的方针，竭诚为广大客户提供优质服务。

长江航道

中国海事
海巡0870

BOYUANYIHAO

扬州海翔船舶科技有限公司

Yangzhou Haixiang Marine Science and Technology Co.,Ltd.

地址：扬州市兴城西路　　网址：www.yzhaixiang.cn
电话：0514-87955451　　邮箱：yzhaixiang@163.com

扬州海翔船舶科技有限公司主要从事船舶设计以及船舶工程监理业务，是国家船检部门审批的一级资质船舶设计单位。

公司拥有国内一流的船舶设计软件和计算机辅助设计系统。融合送审设计、详细设计和生产设计于一体，为用户提供船舶建造的全程服务。公司设计的产品有集装箱船、散货船、油船、化学品船、挖泥船、起重船、汽渡船、推轮等近十种。航区覆盖内河、近海及远海。客户遍及苏、浙、沪、皖、鄂、粤、豫等省市和新加坡、越南、意大利等国家。已投入营运的船舶近百艘，深受客户和造船厂家的好评。

厦门船舶重工股份有限公司

地址：中国厦门海沧区排头　　网站：www.xsi.com.cn
电话：0592-6586833　　邮箱：office@xsi.com.cn

厦门船舶重工股份有限公司地处中国厦门市海沧台商开发区排头片区，东濒杏林湾、与东渡港隔海相距 870 m，南衔海沧大桥与繁华的厦门本岛紧密相连，西沿海沧大道直达海沧保税港，北邻前场火车货运枢纽站。公司占地 50 多万 m^2，拥有 1.5 km 深水岸线，注册资金 2.5 亿元，年产各类船舶 120 万 DWT、产值 50 亿元左右。主营船舶制造、钢结构件制造与安装、船舶修理、海洋石油工业设备制造、电子计算机技术软件开发与咨询服务等业务。

公司厂区布局由国内外资深造船专家进行技术指导和方案优化，严格按照现代造船模式规划设计，总体布局充分体现了“在空间上分道，时间上有序，壳、舾、涂一体化”的造船思路，物流顺畅。拥有近 1 900 名经验丰富员工，其中具有中高级职称者 250 多名。目前拥有 8 万 t 级船坞一座、5 万 t 级、8 万 t 级船台各一座，拥有 289 m、275 m、197 m 舾装码头各一座，形成了“一船坞、二船台、三码头”的生产格局，码头前沿水深 14 m。拥有包括 1 部 800 t、2 部 300 t、1 部 200 t、1 部 100 t 在内的 10 多部大型室外吊车以及一批先进的造船设备。

公司的产品主要出口欧洲、美洲、东南亚等地区，优势船型主要有 2 100~8 500 车位汽车滚装船，820~2 600 TEU 集装箱、30 000 t 多用途重吊集装箱货船、50 000 t 散货船、200 人居住驳船、300 人居住驳船、75 m 平台供应船、78 m 平台供应船、风电平台船及自升式平台船。船舶质量得到 DNV GL、LR、ABS、BV、NK、CCS 等世界著名船级社及香港海事局的资格认证。公司于 2006 年建立 ISO9001 质量管理体系，2009 年建立 ISO9001/OHSAS18001 质量与职业健康安全管理体系，2010 年 11 月起在国内造船业界率先推行“QEO”，即 ISO9001/ISO14001/OHSAS18001（质量 / 环境 / 安全）一体化运行的管理体系新模式。

福建船政重工股份有限公司

地址：福建省福州市连江县葫芦岛船政大道 1 号　　网站：www.fcsic.cn
电话：0591—83681338　　邮箱：mawei@maweiship.com

福建船政重工股份有限公司成立于 2014 年 10 月，位于福建省福州市连江县葫芦岛船政大道 1 号，为福建省船舶工业集团有限公司的子公司，是一家以船舶及海洋工程装备修造、钢结构工程设计施工、海洋工程专用设备制造为主的全资国有企业。

旗下骨干企业包括福建省马尾造船股份有限公司、福建东南造船有限公司、福建福宁船舶重工有限公司、福建省福船海洋工程技术研究院有限公司、福建闽船海洋船舶工业发展有限公司、船政海外发展有限公司，自主设计建造了多种电力推进海工船、油船、海上风电运维服务船和鲍鱼养殖平台等产品，以稳健的造船事业为根基，形成拥有船舶、钢构、风电装备等领域的发展格局。

未来，福建船政将以研发创新促进转型升级，由制造向创造转型，重点拓展特种海洋工程船、支线型集装箱船、油化船、钢结构和适合企业建造的军品船舶，打造海峡西岸船舶与海洋工程装备、军工产品的建造基地。

OCEAN GAR

IMDG
SK PROACTIVE

NO SMOKING
LILSTELLA

福州海宏船舶工程设计有限公司

Fuzhou Haihong Ship Design Co., Ltd.

地址：福建省福州市五一南路 1 号　　网址：www.fzhaihong.com
电话：0591-28351111　　邮箱：hhsdc@vip.163.com

福州海宏船舶工程设计有限公司创建于 2002 年。专业从事船舶及海洋工程技术方面的研究、设计与开发、技术咨询、监理等服务。公司近年来通过不断引进先进技术，招揽各类管理及设计人才，主要船型有成品油船、化学品船、散货船、多用途集装箱船、挖泥船及多用途拖船等运输船舶和工程船舶，初步形成完善、优化的船型库。公司设有设计部、监理部。设计部下设船体室、轮机室、管装室、电气室及综合资料室，各部门拥有性能优良，品种齐全的设计软件及设备。现拥有高、中、初级各类设计人员 60 余名。公司除提供新造船设计及现有船改装技术服务的同时还提供技术监理、工程监理、经济评估等全方位的服务，公司拥有先进的 Compass-Rules 船舶计算系统软件；沪东建造软件；有限元直接计算软件（MSC. Patran-Nastran）；东欣设计软件 SPD；AX-CAD；华途加密软件；船、机、电生产设计放样及数控切割软件；以及国内外常用的 IACS、BV、CCS、ABS、DNV GL、RINA 等船级社的法规、规范及设计手册，以及门类齐全的船舶标准资料。出图设备有各类高速打印机、大幅面绘图仪及复印机等数台。本着在设计中精心设计；与船东、船厂密切配合；努力为用户提高经济效益；不厌其烦；设身处地的为用户着想的理念，长期以来受到用户一致好评。公司注重不断深化改革，挖掘潜力，加大对新型船舶的开发力度，走科技兴企之路。本公司已取得了 ISO9001 质量管理体系认证。秉承 " 规范设计，科技创新 " 的质量方针，不断致力改善、提高产品的质量，加强对用户的服务，坚持以优质的产品为用户提供最优质的服务。

FEEDER48

FEEDER48
PANAMA

芜湖造船厂有限公司

地址：安徽省芜湖市三山区峨溪路 1 号
网址：http://www.wuhu.com.cn
电话：0553-3935161
邮箱：biz@wuhu.com.cn

芜湖造船厂有限公司总投资达 22 亿元，年造船载重吨位为 80 万 t，是一家一级 I 类造船企业。厂区总占地面积 135.83 万 m^2，岸线长度 1 355 m，长达 740 m 舾装码头 1 座，拥有 8 万 t 级大型船台 2 座，拥有单台起重能力达 450 t 门吊 3 座，单台起重能力 32 t 塔吊 3 座。

生产车间面积 22.56 万 m^2。公司注重制造车间硬件设备方面的投入。船体制造拥有一条先进的钢材及型材预处理生产线，数台数控等离子切割机、三辊对称液压卷板机、油压机、1 000 t 移动回转压头框式液压机、程控肋骨冷弯机。管舾装制造设施拥有五轴数控相贯线切割机、数控相贯线切割机和数台先进的切割和弯管设备。涂装设施能同时完成 3 喷 14 涂分段涂装能力。

公司拥有经验丰富的专业化技术队伍，重视技术人才的培养和引进，更加重视软件的投入。公司拥有国际先进的三维数字化设计软件 TRIBON M3；生产管理软件 ERP 生产管信息系统，及图纸文件管理软件图文档管理系统等。公司建设有先进的焊接实验室、理化实验室、探伤室和计量检测中心。

如东宏信机械制造有限公司

如东宏信机械制造有限公司创办于2002年，位于江苏省南通市如东县新林工业园区，拥有各种数控加工及检测设备。公司拥有6项发明专利，3项发明授权，以及10余项实用新型专利。

以气动马达为核心基础产品，近二十余年专注于气动内动力技术的研究，并进行相关衍生品的开发，我公司目前拥有气动马达、气动葫芦、气动绞车、气动搅拌机、气动升降机、气动自动紧绳器等多种产品，并相继通过了CE、CCS、SGS认证，畅销国内市场，并远销欧美、中东及东南亚各国，广泛应用于船舶、矿场、冶金、造纸、食品、医药、化工等领域，获得业内高度肯定。通过为客户提供人性化的优质服务，我公司已与国内外的多家知名企业建立了紧密合作关系，是美国固安捷（Grainger）、实用动力(Actuant)、Hennessy工业(Hennessy Industries)优质供应商。同时我公司也为中石化、中海油、中船重工、振华港机、中科院研究所等国内知名企业与科研机构提供产品与技术服务支持。

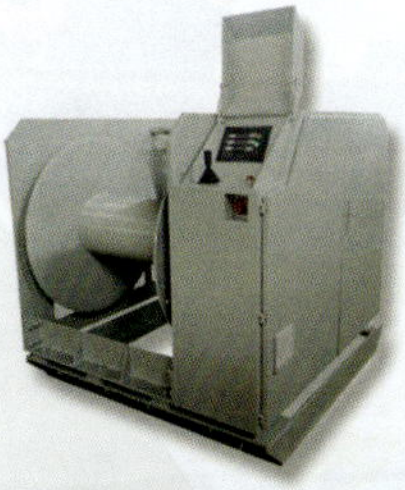

如东
宏信

座机：0513-84852008
手机：15951325733
邮箱：jsrdmy@vip.163.com
网址：www.rdhxmfg.com　www.hongxinairmotor.com

华南片区

广东、广西

广州船舶及海洋工程设计研究院

Guangzhou Marine Engineering Corporation

地址：广州海珠区革新路 126 号　　网址：gumeco.cssc.net.cn
电话：020-84371498　　邮箱：office605@vip.163.coma

广州船舶及海洋工程设计研究院（简称“中船六〇五院”）建于 1974 年 10 月 15 日，是中国船舶集团有限公司（China State Shipbuilding Corporation LTD，CSSC）在华南地区的唯一一家舰船总体科研设计单位，属中央财政全额预算事业单位。拥有国家主管机关颁发的各类设计和工程资质证书，专业配套齐全。

我院主要业务领域为军用舰船、民用船舶、海洋工程的科研设计，机电产品、钢结构和海洋结构物设计研究，船舶及海洋工程总承包，港口与航道、房屋建筑、市政公用工作的监理。在高性能船舶方面具备一流的设计研发能力，拥有穿浪船型的技术优势和丰富经验。在海洋工程单点系泊、多点系泊和输油终端技术方面，处于国内领先地位，拥有多项专利技术。在工程监理方面，拥有三项甲级资质。

CSSC 广船国际有限公司

地址：广州市南沙区龙穴街启航路 18 号
网址：http://gsi.cssc.net.cn
电话：020-36663046
邮箱：gsi@chinagsi.com

广船国际有限公司是中国船舶集团有限公司属下华南地区最大、最现代化的综合舰船造修企业。从 1914 年创建“广南船坞”到 1954 年建厂，从只能建造百吨级船舶到建造华南首艘万吨巨轮；从 2004 年龙穴基地开建到 2012 年整合龙穴资源，从“螺蛳壳里做道场”到实现华南建造 30 万吨轮的突破；从 1993 年成功上市到 2018 年挥师南沙，从打破中国豪华客滚船、半潜船建造“零”的纪录到实现批量建造高技术、高附加值船舶，广船人敢为人先、向海图强，始终牢记着“铸梦深蓝、保军先锋、智造典范”的使命担当。

公司地处粤港澳大湾区几何中心、国家级自由贸易区，占地 302 万 m^2，深水码头岸线 5 200 m，配置 2 座 40 万 t 级造船坞，2 座 30 万 t 级修船坞，2 座 5 万 t 级造船平台，1 台 900 t 龙门吊，4 台 600 t 龙门吊及多条智能生产线，年造船能力达 360 万 DWT，年承修能力达 200 余艘，可提供造修一体化、一站式服务。业务涉及 3 大产业 4 大板块，拥有中国船舶集团有限公司规划的华南应用产业中心，占地面积 60 万 m^2。

Whale Offshore 深圳市惠尔凯博海洋工程有限公司

Shenzhen Whale Offshore Engineering Co., Ltd.

地址：深圳市蛇口海景广场 5C 座　　　　　网址：www.whaleoffshore.com
电话：0755-26819543 0755-26819545　　邮箱：engineering@whaleoffshore.com

深圳市惠尔凯博海洋工程有限公司是一家专业从事海洋工程及辅助船舶设计的高科技企业。

深圳惠尔凯博海洋工程有限公司的业务涵盖海洋工程、船舶及相关海洋设备的设计、技术咨询等，项目遍布南中国海东部、南中国海西部、渤海湾、东海、泰国湾、印尼海域、英国北海、墨西哥湾、中东等地。本公司与国内外大型油公司及船厂均有项目往来，多次为中海油、中石化、中石油、CACT、COPC、JHN、POC、COOEC、友联船厂、招商重工、Sembawang、PPL、SMOE 等单位提供优质高效的服务。主要设计项目包括自升式钻井平台、移动式钻井平台、半潜式平台、固定平台、驳船、浮式储油轮等，代表性项目有“海洋石油 936”钻井船设计、“海洋石油 931”钻井平台升级改造设计、“勘探 3#”半潜平台升级改造设计等项目，其中“HYSY936 自升式钻井平台”设计项目是由中国人对深水自升式钻井平台首次进行完整的详细设计，整个设计达到了世界一流水平。

广东东韵船舶设计院有限公司

地址：广东省东莞市麻涌镇中心大道 31 号 1 栋 206 室　　邮箱：gddyship@163.com
电话：0769-22222084

广东东韵船舶设计院（简称“广东东韵”），成立于 2018 年，注册资本为 630 万，是广东省船东协会会员、广东造船工程学会会员，是目前广东省同行中最有实力的企业之一。广东东韵专门从事船舶与海洋工程设计、咨询、监造、研究、开发、计算与业务培训。可提供船舶设计及船舶技术咨询、前期研究论证等服务。

我院对船舶设计有丰富经验，经过多年的积累，已建成了产品丰富的船型库，主要包括：散货船、自卸砂船、吹泥船、多用途货船、甲板运输船、集装箱船、油船、化学品船、客船、滚装船、工程船、游艇、渔船等。公司致力于船舶设计与研发，在与船舶公司合作的过程中不断提升我们的研发设计能力，公司的研发设计能力不仅满足广东省内的需要，而且承接了国内外多种船舶设计业务。

广州碧洋船舶设计有限公司

地址：广东省广州市天河区能源路 2 号节能与环保大楼 B506-507　　手机：13500018396
电话：020-87031050　　邮箱：yangqiwu@scut.edu.cn

广州碧洋船舶设计有限公司（Guangzhou Biyang Ship Design Co., LTD，BYS）于 2006 年 12 月正式成立，公司发展定位于高端船舶产品设计及相关技术咨询服务，公司与华南理工大学船舶海洋工程研究所保持良好的合作关系，在技术上得到的有力支持，为公司的发展提供雄厚的技术储备。公司拥有一批来自全国重点船舶院校老、中、青结合业务精、能力强的技术骨干。公司已研发、设计、建造各类船舶 60 多艘，改装船 20 多艘，设计项目涵盖 ZC、CCS、ABS、RINA、NK、BV 等国内外船级社。主要船型由：客滚船、滚装船、系列航标船、大型重载甲板船等技术含量高的船舶、全压式 LPG 船系列，完成 10 多套各类船舶的装载仪制作，完成各类船型船舱段及整船的结构分析。广州碧洋船舶设计有限公司遵循“技术创新、质量保证”的设计理念，不断提升新船型研发、设计创新能力，基本实现从方案到详细设计的全三维设计手段。

东莞金龙船舶设计咨询有限公司

Dongguan Jinlong Ship Design Co., Ltd.

地址：广东省东莞市万江区坝翔小区 C 幢 2 楼
电话：0769-38815353
网址：www.dgjlhy.com
邮箱：dg-jinlong@126.com

东莞金龙船舶设计咨询有限公司设计有集装箱船、自卸砂船、吹泥船、挖泥船、油船等多种船型，于 2006 年成立了东莞金龙航运公司，经营水上运输，公司现有各种运输船 70 多种。2011 年公司成立造船厂，实现了设计、造船、维修及运输综合性的业务。公司拥有先进的技术设备和雄厚的设计实力，在船舶技术设计、生产设计、船舶建造、船舶技术咨询等方面富有专长，能承担客船、货船、拖轮、工程船、趸船等各种类型船舶的设计工作。公司自成立以来，已完成多艘多种船舶的设计，良好的商业信誉和雄厚的技术实力为公司在业内赢得了良好的口碑。公司拥有国内一流的船舶设计软件和计算机辅助设计系统。融合送审设计、详细设计和生产设计于一体，为用户提供船舶建造的全程服务。

广州蓝悦船舶设计有限公司

地址：广州市南沙区广兴路 27 号 409　　网址：www.lanyue.design
电话：18814140268　　邮箱：office@lanyue.design

广州蓝悦船舶设计有限公司成立于 2016 年是广东船琦科技集团公司旗下控股子公司。广东船琦科技集团公司旗下还有广州船匠船舶装饰工程有限公司（专攻高端商用民用船艇内装工程和工艺研发）。

公司技术力量雄厚，拥有经验丰富、创意创新、专业配套齐全的高级、中级等专业技术人员 20 多人。目前我公司技术力量具备有：设计顾问为武汉理工大学艺术学院博士导师郑刚强教授；澳大利亚 40 年游艇设计建造高级工程师詹姆斯先生；高级装饰设计师 3 位；中级装饰设计师 3 位；高级船舶工程师 2 位；中级船舶工程师 3 位；初级船舶工程师 4 位。

公司积极参加行业协会和社会组织，现在公司为全国邮轮设计联盟副秘书长会员单位；大中华游艇设计联盟副会长单位；广东省航海商会理事单位兼船艇会秘书长单位；广东省造船工程学会会员单位。

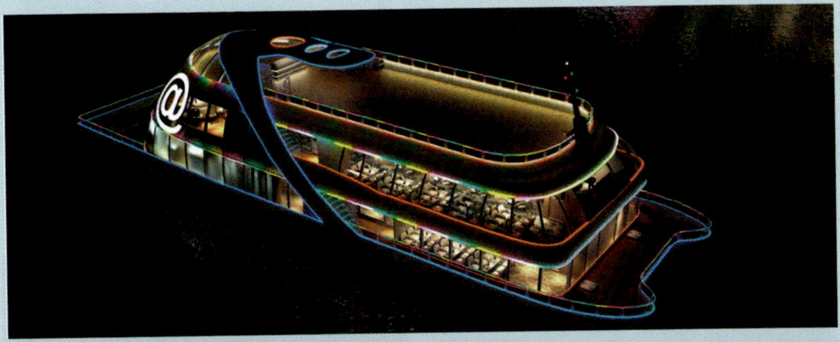

pp65-2号

广东凯力船艇股份有限公司

地址：广东省东莞市麻涌镇大步工业大道西　　网址：www.gdk-link.com
电话：0769-88280191 88289122　　邮箱：k-link@vip.163.com

广东凯力船艇股份有限公司（简称“凯力”）创建于1993年，凯力人以“自强不息，励志创展”的精神，经过20多年的不懈努力，已经发展成为华南地区技术先进、规模较大的船舶和海洋工程装备设计建造和修理基地。拥有造船、海工装备、科技三大基地，分别位于东莞市麻涌镇、中山市神湾镇、广州市黄埔区，凯力立志成为设计建造世界一流船艇的企业。

凯力合计占地面积达20多万 m^2，其中车间面积6万 m^2，码头及岸线共800 m。现有员工1 000多人，船舶、机电、钢结构等各类专业技术人员及管理人员200多人。先后通过了中国船级社ISO9001质量体系认证和CCS、GL、LR、ABS、NK、DNV、BV等国内外船级社的工厂认可。

凯力致力于豪华游船、游艇、公务船、海洋工程装备的设计建造及其修理；桥梁、港机和重工制造。旗下各基地生产车间设备配套齐全，技术力量雄厚，工艺精湛。得到了国内外客户、船东的认可，在行业内有较高地评价和认可。每年可建造各类公务船及海洋工程船30艘，豪华游船（艇）40艘，维修船100艘，同时重工制造约为5万t。为国内外众多客户提供了优质的服务，为振兴民族工业发展作出了贡献。

CSSC 中船黄埔文冲船舶有限公司

地址：广州市黄埔区长洲街 188 号
电话：020-82096030
网址：http://csschps.cssc.net.cn
邮箱：gsb@csschpws.com

中船黄埔文冲船舶有限公司是中国船舶集团有限公司属下大型造船企业，由原广州中船黄埔造船有限公司和广州文冲船厂有限责任公司组成，是华南地区军用舰船、特种工程船和海洋工程的主要建造基地，也是目前中国建造疏浚工程船和支线集装箱船的龙头企业。

广州禧粤船舶技术有限公司

Guangzhou Shiptek Marine Tech. Co., Ltd.

地址：广州市黄埔区黄埔东路 5 号
网址：www.shiptek.cn
电话：020-28627302
传真：020-82390510

广州禧粤船舶技术有限公司是一家民营有限责任公司，可承接各种船型或海事构筑物的合同设计、详细设计、生产设计，也可以承接各种海洋装备及工业产品的委托和自主设计、开发、制造分包等业务。主要涉及的项目包括：游艇、油船、化学品船、开体泥船、开底泥船、抓斗泥船、拖轮、多用途供应船、自卸船、起重船、耙吸式挖泥船、半潜驳、自升式钻井船、自升式钻井平台、散货船、集装箱船、客船、渡轮、旅游观光船、仿古型船、海上石油平台、海上勘测辅助平台、组合型水上自航作业平台及休闲娱乐平台等。还可以提供有限元分析，包括：船舶结构强度的各种有限元分析；港口机械、钢结构、水岸建筑强度的各种有限元分析。

江门市南洋船舶工程有限公司

Jiangmen Nanyang Ship Engineering Co., LTD.

地址：广东省江门市新会区古井镇　　网址：www.jns.net.cn
电话：0750-2631666　　邮箱：office@jns.net.cn

江门市南洋船舶工程有限公司（简称“JNS”），成立于2005年初，位于广东省江门市新会区银洲湖畔。JNS下辖两个厂区，占地面积720 000 m^2，岸线1 000 m，拥有现代化的造船设施。

JNS荣获Lloyd's List颁发的2009年全球造船奖，是国家高新技术企业，是工信部认可的，符合《船舶行业规范条件》的企业，是广东省第六批博士后创新实践基地，荣登广东省制造业企业500强榜单。多年来秉承“专业造精品”的造船理念，专注于100 000 DWT以下散货船的制造。

JNS自始至终高度重视科研开发和技术创新，已先后取得了广东省企业技术中心、广东省工程技术研究中心、广东省创新型企业、江门市工程技术研究开发中心的认定。截至目前，JNS获得授权的实用新型专利203项，发明专利56项。受理的实用新型专利188项，发明专利26项。

JNS所建船型在国际市场上被称为“南洋型”船。近年来，JNS为迎合国际市场的需求，推出了多款绿色环保灵便型散货船。该类船型因卓越的绿色环保节能性能荣幸地成为了英国劳氏船级社“EP”绿色标志证书的首个获得者。其中，B型39 000 DWT绿色环保灵便型散货船的各项指标国际领先，相较市场同类型船日均节省燃油20%，该船以其优异的环保性和燃油经济性得到了众多船东的青睐。2016年，该船获得了广东省高新技术产品的认定，是JNS目前的主推产品。

江龙船艇科技股份有限公司

珠海分公司地址：珠海市高栏港区平沙游艇工业区江龙船艇科技股份有限公司
中山分公司地址：中山市神湾镇桂竹路 1 号江龙船艇科技园　　网址：www.jianglong.cn
电话：0756-7754888　　邮箱：sales@jianglong.cn

江龙船艇科技股份有限公司（证券代码：300589）成立于 2003 年，位于粤港澳大湾区核心城市——中山、珠海。是一家集科研实践、智造创新及产业化于一体的高性能船艇企业。旗下拥有中山分公司、珠海分公司、澳龙子公司、香港子公司。

公司主要从事高性能公务执法船、旅游休闲船、特种作业船的设计、研发、建造和销售，并致力于多材质船体、新技术集成、绿色制造、清洁能源动力等船艇领域前沿技术的研发与应用。

凭借持续的技术创新能力，公司先后获得“国家高新技术企业”“国家知识产权优势企业”“国家绿色工厂示范企业”“国家级博士后研究工作站”“广东省企业技术中心”“广东省工业设计中心”“广东省技术研究中心”等荣誉与资质。

公司致力开拓面向全球市场的现代、高端、快速、多用途船型，并深度融合国家战略，产品远销亚洲、中东、西非等三十多个“一带一路”国家，近年来更成功开拓以澳大利亚、新西兰为代表的市场。

乘风远航，逐梦不息！站在“十四五”的新起点上，公司将汇聚科研技术、品牌、人才等优势，持续加大产品研发力度，提升智能制造能力，强化优质售后服务，向着成为具有国际影响力的高性能船艇品牌迈进！

中国渔政32515

三亚湾
SAN YA WAN

蓝色干线1号
LAN SE GAN XIAN YI HAO

深圳市海斯比海洋科技股份有限公司

广东省深圳市南山区望海路 1051 号　　网址：http://www.hisibi.com.cn
电话：0755-26862272 0755-26027206　　传真：0755-26894296

深圳市海斯比海洋科技股份有限公司成立于 1999 年，注册资本 7 100 多万元，前身为成立于 1952 年的蛇口船厂。公司致力于以复合材料新技术服务于国家海洋战略，主要从事高速高性能船艇及豪华游艇研发设计、生产与销售，是首批国家认定的高新技术企业中唯一的一家船艇行业企业。

公司构建以深圳高端管理、品牌运营、新产品研发总部，以天津、珠海南北两大生产基地，江苏、海南布局销售网点，海外业务拓展的整体格局，定位主营业务为“公务工作艇 + 军事特种艇 + 休闲娱乐艇 + 无人艇 + 浮岛 +CSD”的研发、生产、贸易和售后。产品广泛应用于海警、武警边防部队、海关、渔政、海事、边检、水政、引航、林业、旅游、休闲娱乐等，已形成包括模具生产、设计研发、船艇生产、售后服务等多个环节在内的完整产业链，年生产各类游艇、休闲艇、执法艇、快艇、救助艇、引航艇等各类船艇约 300 余艘，是我国中小型船艇主要生产供应商，产品遍布全国各地，部分产品远销海外。

AFAI

英辉南方造船（广州番禺）有限公司

地址：广东省深圳市南山区望海路 1051 号

电话：020-84581902 84581610　　邮箱：sales@afaisouth.com

英辉南方造船（广州番禺）有限公司（简称“英辉南方”）主营高性能铝合金船舶的研究、设计与制造，在国内铝合金高速客船、车客渡船、休闲型小游艇、公务船和专业救助船市场处于领先地位，“英辉南方”在国际上也颇具盛名，是目前国内建造中大型出口铝合金高速船唯一品牌。公司位于广州市新光大桥东侧，珠江主航道南岸，创建于 1992 年，2004 年资产重组，中国船舶集团有限公司持股 51%，中国远洋海运集团有限公司持股 49%。

公司凭借着自身的人才和技术优势，从事高性能铝合金船舶的研究、设计与制造，在铝合金高速客船、车客渡船、休闲型小游艇、公务船和专业救助船市场处于领先地位，近年来承接大量国内外高科技含量订单，产品不仅满足国内航运公司要求，同时产品也出口到新加坡、土耳其、迪拜、加拿大、韩国、巴西、英国、丹麦等国家和地区。

公司拥有一支专业齐全、素质优良、技术精湛的团队，于 2011 年成立技术中心，专业从事铝合金船舶设计，使英辉南方从单一的船舶建造企业升级为涵盖设计研发、生产制造、售后服务的铝合金船舶供应商。

深圳航运

漓江之梦号

群升船舶 梧州群升船舶设计工程有限公司

地址：广西梧州市新兴二路 301 号 6 号楼 1 单元 5 号商铺、201 房、202 房、二单元 201、202 号房
邮箱：Qsgs2004@163.com / 326641134@qq.com
电话：船体部 0774-6026628　机电部 0774-6028317　电算室 0774-6020313　采购 18677408700

梧州群升船舶设计工程有限公司是广西壮族自治区内一间同时具有乙级一般船舶设计资质和二级Ⅲ类钢质一般船舶生产企业资质，2013 年 9 月获得 GB/T 1901 — 2016/ISO9001:2015 质量管理体系认证。

公司承担船舶设计；船舶及其配件销售；船舶无损深伤测厚；船舶修造技术咨询；修、造船；场地租赁；钢结构工程施工；船舶、机械设备制造技术的转让等业务。

CSSC 广西中船北部湾船舶及海洋工程设计有限公司

地址：广西南宁市青秀区金湖路 59 号地王国际商会中心 33 层 3317-3321 室
电话：0771-5584952 传真：0771-5587953

广西中船北部湾船舶及海洋工程设计有限公司主营业务为船舶设计、海洋工程设计，兼营船舶技术服务、船舶修建造工程总承包、海洋工程建造技术服务、船舶设备代理、船舶配件销售等业务。公司依托强大的专业优势，致力于多元化发展，可为广大客户提供技术咨询、研发设计、产业发展规划、智能制造等业务，公司可提供机电产品的设计与销售，工业管道设计集成等专业的技术服务。

公司现有专业技术人员 40 余人，其中正高级技术职称 2 人，副高级技术职称 5 人，中级技术职称 10 余人。公司软、硬件设施齐全，拥有先进的船舶性能设计软件、船舶三维设计软件。公司具备船舶方案设计、技术设计、详细设计、生产设计全覆盖的设计能力以及船舶监理、行业规划、工艺技术服务等技术服务能力。

长江中上游片区

湖北、重庆

SANJ

湖北三江船艇科技有限公司

地址：湖北省孝感市孝汉大道三江产业园　　网址：http://www.sjboats.com
电话：0712-2359196 0712-2359700　　邮箱：doris@sjboats.com

湖北三江船艇科技有限公司成立于2006年，隶属中国航天科工集团红阳机电有限公司，是红阳机电有限公司的全资子公司。公司专业从事摩托艇、游艇、公务艇等系列产品的研发、生产和销售，公司是国内首家专业生产船用水冷发动机的厂家。

公司总投资近2亿元、占地近14万 m^2，公司不仅有强大的科研团队和尖端的军工科技人员，同时，拥有完善的各类生产设备、各类检测设备和试验设备200余台套，具备年生产10 000条各类玻璃钢船艇和2万台发动机 & 喷泵装置以及相关配套零部件的能力。公司拥有一级Ⅰ类纤维增强塑料一般船舶修造技术许可证、三级铝质一般船舶修造技术许可证资质以及乙级船舶设计资质等，公司自主研发的多项产品填补国内空白，获得多项国家级专利。产品已远销30多个国家和地区，建立起了完善的全球营销网络及售后服务体系。

武昌船舶重工有限责任公司

Wuchang Shipbuilding Industry Co.,Ltd.

地址：湖北省武汉市新洲区双柳街阳大公路 138 号　　网址：www.wuchuan.com
电话：027-68887400

武昌船舶重工集团有限公司隶属于中国船舶集团有限公司，始建于 1934 年 6 月 6 日，原名武昌机厂，“一五”期间，被列入国家 156 个重点建设项目，更名为武昌造船厂。2011 年和 2013 年，武昌造船厂产业主体分两期注入中国重工上市，分别成立“武昌船舶重工集团有限公司”和“武汉武船投资控股有限公司”，两家公司同属一家治理结构，统称“武船”。2016 年，武船和中国船舶重工集团有限公司进行了资源和能力整合，企业规模、生产能力跃居船舶行业前列，主要从事军工军贸、民船海工、市政桥梁、特种设备的研发生产，是我国重点军工企业和以船舶建造为主体的大型现代化企业。

武船现有“武汉武昌”“武汉双柳”“青岛海西湾”三大厂区，总资产近 600 亿元，先后被评为“国家船舶工业创新能力十强企业”“国家高新技术企业”“国家技术创新示范企业”“国家知识产权优势企业”“国家高端船舶及海洋工程装备高新技术产业化基地”“国家军用标准质量管理体系培训教学实践基地”，全国“守合同、重信用”企业，拥有“国家级的企业技术中心”“国家高端船舶及海洋工程装备院士工作中心”。

武船是我国重要的船舶海工装备供应商。多年来，武船相继建造了中国海事旗舰“海巡 01”号、国内最先进海洋综合科考船“向阳红 01”号“向阳红 03”号等系列巡航救助船、航标船、科考船、挖泥船，以优质的产品亮剑蓝海，捍卫国家海洋权益。VS 系列海工船远销欧洲，获得顾客青睐；世界顶级 UT 系列海工船，服务国家海洋石油深水发展战略。25 万 t、32.5 万 t、40 万 t 矿砂船连续建造、相继交付，不断刷新造船吨位新纪录；18 万 t 散货船品、11.3 万 t 成品邮轮、超大型集装箱船，为了向大型船舶市场转型升级迈出坚实步伐。公司利用海工技术优势，成功交付全球首座深海智能渔场——挪威渔场、国内首座智能渔场——黄海渔场，助力开发深海渔业资源。

理工船舶　武汉理工船舶股份有限公司

地址：武汉理工大学南湖校区创业园 2 号楼 6 楼　　网址：www.wutship.com
电话：027-87519838　　邮箱：lgcbsj@163.com

武汉理工船舶股份有限公司是一家依托武汉理工大学，是将船舶与海洋工程国家一级重点学科长期以来在高性能船舶技术领域的研究成果进行产业化，是将设计研发、生产制造融为一体的高新技术企业。

2015 年由武汉天高熔接股份有限公司（证券代码：831559）、武汉理工大产业集团有限公司、武汉南华工业设备工程股份有限公司（证券代码：832699）、武汉理工大学多位知名教授以及高速船领域内核心技术团队共同参与组建。

公司总部位于武汉理工大学产业集团孵化楼，办公面积超过 1 200 m^2，公司通过 ISO9001 质量认证体系，具有甲级一般船舶设计资质。

公司强调以知识为主导，在所从事的领域为客户提供高性价比的产品和服务。现有的技术团队本科以上学历人员占总人数的 90%，现有各类专技人员 50 余人，其中，中、高级工程师 42 人，享受国务院政府特殊津贴专家 2 人，武汉理工大学船舶与海洋工程专业首席教授 1 人、楚天学者 1 人，黄鹤英才 1 人，国外留学博士多名。公司将以高性能运输船舶设计和建造；游船艇设计和建造；高速船舶设计和制造；船舶与海洋工程技术咨询服务以及船舶与海洋工程测试为主要产品方向。力求通过创新将公司建成武汉理工大学在华中乃至全国最大的产、学、研教学基地。

嵊翔 16
SHENG XIANG
责任重于泰山

中国海事 CHINA MSA

武汉船舶设计研究院有限公司

第七〇一研究所

地址：湖北省武汉市武昌区首义路 125 号　　网址：www.wsddi.com.cn
电话：027-88062696　　邮箱：wsddi@wsddi.com.cn

武汉船舶设计研究院有限公司为中国船舶集团有限公司第七〇一研究所的独资子公司，主要承担民用船舶以及配套系统的设计研究工作。公司于 1994 年 8 月在工商行政管理局注册登记，注册资本 2 600 万元。具备甲级船舶设计资质，通过 ISO9001 质量体系认证，2009 年起连年被认定为湖北省高新技术企业。

主要设计范围涵盖了远洋渔船、科学考察船、公务执法船、特种用途船等四大板块。公司承担我国首艘完全自主研发的南极磷虾捕捞加工船设计；清华大学首艘海洋科考船“清研海试 1 号”填补了我国在深海海洋工程装备海上试验领域的空白；国内吨位最大、功能最先进的首艘电力推进内河综合消防船为重庆消防救援总队能力建设提供有力的装备支撑。

公司具备一支年龄结构合理、专业齐全、素质过硬的船舶装备研发团队。公司将以“传承军工精神，追求卓越品质”的发展宗旨，科学高效、以人为本的管理理念，为建设海洋强国贡献应有力量。

武汉交发船舶设计有限公司

Wuhan Jiaofa Ship Design Co., Ltd.

地址：湖北省武汉市江汉区民权路特1号长江大厦19楼
电话：027-83809941 83763379 83748346
网址：www.whjfcb.com
邮箱：jfcbsj@163.com

武汉交发船舶设计有限公司是具有甲级船舶设计资质的专业化船舶设计机构，高新技术企业，历经十多年风雨历程，打造了一支拥有高、中、初级职称的70余人的高素质船舶设计队伍。公司已承接了海洋及内河客船、海工船、化学品船、集散货船等各类型船舶的概念设计、方案设计、技术设计和生产设计，同时培养了一支经验丰富的监理队伍。

公司是以科研和创新设计为特色，在LNG动力船舶设计领域创造了多个全国第一的桂冠，如第一艘双燃料改造船“武拖302”，第一批CCS检验发证的LNG动力集装箱船“海川3”“海川2”，第一批LNG加注趸船——120 m³和500 m³LNG加注趸船，并在LNG动力船设计数量上也是全国第一，至今为止公司已设计30余种LNG动力船型达800余艘。同时，公司着力于船舶LNG系统的研究，获得多项相关发明和实用新型专利。

武汉长江船舶设计院有限公司

Wuhan Changjiang Ship Design Institute Co., LTD.

地址：湖北省武昌区临江大道 387 号　　网址：http://csdi.sinotrans-csc.com
电话：027-51828186　　邮箱：csdi@csdi.com.cn

武汉长江船舶设计院有限公司是国内大型专业船舶设计研究单位之一，1951 年成立于北京，1965 年迁址武汉，2001 年作为中央所属的工程勘察设计单位成为科技型企业，现隶属于中国外运长航集团有限公司。

CSDI 作为国家级专业船舶和港机总体设计和水运工程咨询单位，拥有一批高素质的专业技术人员，其中包括国家级和省部级专家、教授级高级工程师、高级工程师等。CSDI 主要从事各类海洋及内河民用船舶、军辅船舶和港口起 重机械的研究与设计，以及水运工程大型设备制造安装的监理，并从事船舶通用机械、环保工程及设备、计算机应用技术的开发与研究。

半个世纪以来，CSDI 开发研究和设计了各种海洋型、内河型船舶近千型，已投入运行的达 5 000 多艘，船舶种类包括了客船、干散货船、豪华旅游船、推 拖船、消防船、高性能船、集装箱船、滚装船、各类工程船（含起重船、打桩 船、挖泥船、救捞船、溢油回收船、浮船坞等）以及液货船（含 LPG 运输船 、 沥青船、化学品船）；公司开发研究了 300 多台港口起重运输机械（含大型岸边集 装箱装卸桥、多用途门机、龙门起重机、台架式起重机、全互转起重机等）。

武汉金鑫海船舶设计技术有限责任公司

地址：武汉市江岸区江汉路 26 号正信大厦 1103 室　武汉市江城大道 358 号欣隆壹号公馆 4 号楼 12 层
电话：027-82822939　邮箱：jxhsd@sina.com　微信公众号：wh_jxhsd

武汉金鑫海船舶设计技术有限责任公司是一家业内知名的船舶设计公司，成立于2008年，公司的核心团队具有 10 年以上的船舶设计及船舶建造经验的人员组成，并获得由湖北省国防科工委颁发的乙级船舶设计许可证。公司专业从事船舶设计、开发、咨询、工程监理，为船舶提供方案设计、技术设计和生产设计等服务。公司凭借自身拥有的人才和技术优势，始终遵循“质量第一，信誉至上”的理念，随时为客户提供优质的服务。截至目前，公司已承接了市场适销对路的散货船、集装箱船、工程船、浮船坞、旅游客船等船型设计，为数百艘船舶提供了设计及监理服务，在业内形成了良好的口碑和声誉。

武汉金鼎船舶工程设计有限公司

Wuhan Jinding Marine Engineering Co., Ltd.

地址：武汉市中北路 252 号普提金商务中心座 6 楼　　网址：www.whjdm.com
电话：027-88735956　　邮箱：jdm@whjdm.com

武汉金鼎船舶工程设计有限公司是按照现代企业制度建立的民营科技企业，具有甲级一般船舶设计资质。是湖北省高新技术企业，湖北省船舶工业行业协会单位会员，公司位于武汉市武昌区。

武汉金鼎船舶工程设计有限公司专业从事各类民用船舶及海洋工程的设计、研究开发相关的技术服务。公司产品的种类主要包括：各类运输船舶，如货船、集装箱船、滚装船、油船及化学品船、客船、旅游船、拖（推）船、工程船、高性能船舶以及海洋工程。

武汉金鼎船舶工程设计有限公司设有技术管理部、质量管理部、市场部、人力资源与档案信息部、船体设计部、轮机设计部、电气设计部等部门。公司拥有一支专业结构完善、年龄梯次合理的专业人才队伍，主要工作人员长期从事船舶工程设计研究工作，现有各类专技人员 40 余人，其中，教授级高级工程师 3 人，享受国务院特种津贴者 3 人，交通部青年科技英才 1 人，高级工程师 20 人。

武汉金鼎船舶工程设计有限公司秉承“面向市场，服务行业，以最优秀的设计和最完善的服务满足市场需求”的企业宗旨，坚持“专业规范、优质高效、追求卓越”的质量方针，竭诚希望与广大客户谋求合作。

重庆长江轮船有限公司船舶设计研究院

地址：重庆市江北区唐家沱东风一村一号　　电话：023-67782730
网站：http://www.cqsdri.com

重庆长江轮船有限公司船舶设计研究院隶属于中国长航集团重庆长江轮船有限公司（简称“长航集团”），其前身为始建于1928年的民生公司技术科，迄今已有90多年历史。2014年11月，为做大做强船舶设计产业，加快船舶设计的发展，长航集团对其在重庆地区所属企业进行整合，以原重庆长航东风船舶工业公司船舶设计研究所和重庆长江轮船公司工程研究设计院为基础，成立了重庆长江轮船有限公司船舶设计研究院，充分发挥品牌效应。我院拥有一支技术精湛、经验丰富、作风过硬的设计人才队伍，现有国家级专家3人，下设船体设计部、轮机设计部、电气设计部三个专业设计部。三十多年来，我院陆续完成了适合于在长江上航行的除水翼船以外的各种船型的设计，以及远洋干散货船、集装箱船、客滚船等海船的设计。

重庆宏泰船舶设计有限公司

Chongqing Hongtai Ship Design Co., Ltd.

地址：重庆市两江新区金童路 9 号叠彩城三期 H1
网站：http://cqhtship.icoc.vc
电话：023-63056583
邮箱：93401127@qq.com

重庆宏泰船舶设计有限公司成立于2011年2月22日，是一家集船舶设计、船舶技术咨询、计算机软硬件开发及销售、机械设备研发及销售、船舶及设备销售于一体的高新企业。

Chongqinghongtai Ship Design Co., Ltd., founded on Feb 22th ,2011, is a high-tech enterprise with ship design and technical consultation, computer software and hardware development and sales, machinery and equipment research and development and sales, ship and equipment sales.

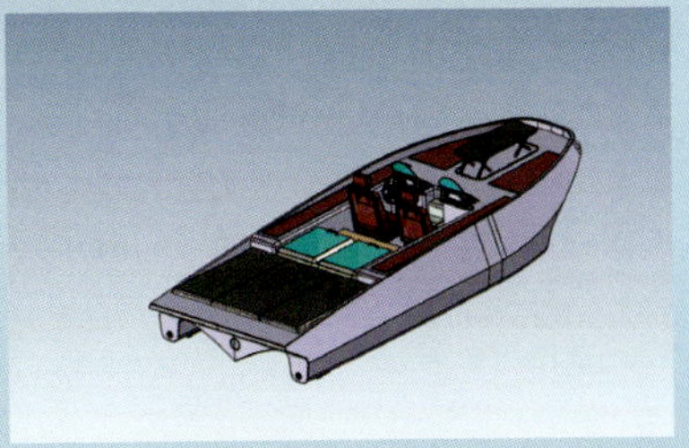

重庆川东船舶重工有限责任公司

地址：中国 · 重庆 · 涪陵 电话：023-72145288 023-72145212
网站：www.cqccsic.com

重庆川东船舶重工有限责任公司隶属于中国船舶集团有限公司，始建于 1966 年 11 月，1976 年 10 月基本建成投产，公司有 A、B 两个生产基地。

公司本部位于 A 区，地处重庆市涪陵区，是长江上游和西南地区现代化造船企业，距重庆江北国际机场 85 km，占地面积 154 万 m^2，3 000 m 江岸线，拥有纵向斜架滑道 1 座，承载能力 3 500 t。拥有万吨级室内船台 2 座（180 m × 50 m），5 000 t 级室内船台 2 座（120 m × 30 m）、室外船台 2 座（98 m × 26 m）、万吨级舾装码头 3 座，各类“高、精、尖”设备 3 410 台（套），能自行设计、制造 10 000 t 以下各类船舶，具备年产 12 艘 3 000 —10 000 t 级特种船舶和 60 000 t 大型金属结构件的生产能力，是国家特种船舶制造基地。

B 区（重庆东港船舶产业有限公司）距江北国际机场 30 km，占地面积 87 万 m^2，拥有 160 m × 25 m 室内船台 2 座和总面积 14 万 m^2 的室外船台场地，主要生产设备 400 多台（套），具备年产 12 艘 5 000 t 级各类船舶生产能力。

公司生产的主要产品有：3 000~10 000 t 级不锈钢化学品船、374 箱多用途集装箱海轮、780 客位长江旅游船等各类民用船舶；30~100 万 kW 电站锅炉空气预热器、电站脱硫装置、船用舱口盖、特大型钢结构桥梁、各类军品和工程项目等。

重庆市西海船舶技术咨询有限公司

Chongqing Xihai Ship Technical Advisory Co., Ltd.

地址：重庆市江北区五里店五江路 13 号
电话：023-67983483
网址：www.xhcbcq.com
邮箱：cqxhship@163.com

重庆市西海船舶技术咨询有限公司是集技术咨询、船舶设计、船舶监理于一体的综合服务企业，不断率先采用新技术、新软件，是重庆市最具诚信、最重质量、最具活力的民营设计公司。

公司总部位于重庆市，主要承担适合长江流域航行的游船、化学品船、油船、石油沥青船、集装箱船、工程船、客货船的技术咨询和设计。下设南京分公司，主要承担涉外船舶、海洋船舶的技术咨询和设计。武汉办事处主要承担长江中下游船舶建造过程中的监理和技术服务。南宁办事处主要承担珠江水系各类船舶的技术咨询和设计。

公司采用总工程师责任制，总工程师实施方案设计，同时负责船、机、电各专业的工作协调和图纸审核。

环渤海片区

北京、天津、辽宁、山东

中船重工船舶设计研究中心有限公司

China Ship Design and Research Center Co.,Ltd.

地址：北京市海淀区中关村南大街甲18号，北京·国际大厦C座10层
电话：010-62100550　　传真：010-62100590
邮箱：csdc@csdc.cn　　网址：www.csdc.cn

中船重工船舶设计研究中心有限公司，成立于2003年12月12日，被称之为“民船中心”。主要业务范围包括：船舶及海洋工程装备研究与开发；船舶及海洋工程装备设计（包括概念设计、报价设计、合同设计、基本设计等）；船舶及海洋工程装备技术咨询、服务、转让；船舶及海洋工程装备配套、系统集成等。

民船中心自成立以来，始终把为中船重工海洋装备产业服务作为第一要务，紧跟国际技术发展前沿，掌握新规范；新标准；运用新技术、新装备；开展技术创新；产品研发和设计技术服务工作。经过10余年的自我滚动发展，民船中心已经具备了三大主力船型、部分高技术、高附加值船型、海工装备等技术和产品的研发能力，掌握了自升平台、半潜平台、立柱式平台（SPAR）、张力腿平台（TLP）、深海钻井船等高端海洋工程产品的关键设计技术，成功开发、设计了散货船、矿砂船、油船、化学品船、集装箱船、多用途船等300余型；支持集团公司造船企业获得了30余型的320余艘新造船订单；完成海洋工程项目17项、配套和系统集成项目3项；完成国家重点科研项目60余项；成功研发了船用配载仪，协助集团公司成员单位研发了压载水处理，节能减排等先进配套设备。

博迈科海洋工程股份有限公司

BOMESC Offshore Engineering Co.,Ltd.

地址：天津经济技术开发区第四大街14号　　网址：http://cn.bomesc.com

电话：022-6629 9900

博迈科海洋工程股份有限公司成立于1996年，现位于天津市滨海新区，距北京约150 km，是一家专注于国际市场的专业模块化的EPC服务公司，致力于以海洋油气工程、液化天然气工厂和矿业为主的各类模块的设计和集成建造，为国际高端能源和矿业客户提供服务，是一家国际化的EPC公司，全部的业务来自国际客户。其优良的安全管理，质量管理，准时交付和出色的业绩在业界一直享有良好的声誉。

公司的施工技术与质量控制能够满足国际高端客户各种项目的要求，有能力按照API、ANSI、ASME、AWS等世界石油通用标准进行高质量的建造与施工。公司拥有完善的质量管理体系，由挪威船级社认证，并颁发了ISO9001质量体系认证的证书。公司根据ISO14001和ISO45001建立了完整的健康、安全、环保体系，由挪威船级社认证。这些质量和安全管理体系每年均由挪威船级社审查通过，并在接受严格的审查之后，被国际知名客户们所广泛接受，赢得客户的广泛赞誉和认同。

DS 德赛集团 DESAIL GROUP

天津德赛海洋船舶工程技术有限公司

地址：天津市滨海新区北塘融汇商务园一区 9 号楼　　网址：http://de-sail.com
电话：022-25210707　022-25210769　　邮箱：mail@de-sail.com

天津德赛海洋船舶工程技术有限公司成立于 2002 年，作为技术主导型的高新技术企业，主要从事海洋工程产品开发与投资及项目总包，合作船厂分布在天津、山东、广州、浙江、辽宁等地。

目前公司整合了从融资、研发、设计及制造完整的船舶及海洋工程产业链，目前已承接项目包括海洋工程 53 项，工程船 48 项，商船 35 项，其他军品等 23 项。办公面积 2 000 m^2，设计研发人员 45 人，高级工程管理人员 23 人。秉承“技术领先、服务先行”的理念，赢得了国内外客户的一致认可，目前在国内已经成为行业内的技术领军者，其中自主研发的“拼装式打桩平台”“自航多功能作业平台”“多用途滚装船”已远销中东、东南亚、非洲等地。

天津新港船舶重工有限责任公司

地址：天津市滨海新区临港经济区黄河道 2999 号　　网址：www.xgsic.com.cn
电话：022-25793995　　邮箱：xgsic@xgsic.com.cn

天津新港船舶重工有限责任公司（简称“港船重工”）始建于 1940 年，隶属于中国船舶集团有限公司。公司以“做强做大造船和修船、做优军工军贸、跨越发展非船、强力进军海洋工程装备制造”的定位，不断强化创新，推进精益生产，打造具有自身特色和核心竞争力的现代企业。

港船重工秉承“打造精品，做强主业”的经营理念，积极参与国际市场竞争。能够按照国际规范的要求和标准建造 50 万 DWT 以下散货船、集装箱船、油船及火车 / 汽车滚装船、半潜船、工程船以及钻采平台、FPSO、功能模块等各类船舶和海工装备，产品出口到欧洲、亚洲、美洲、非洲等二十多个国家和地区，产品多次获得质量奖。能修理和改装 30 万 t 以下各类船舶，修理过的船舶遍布全世界；港口机械、冶金焦化设备等重机设备制造享誉国内及东南亚、美洲、欧洲等地区。

技术创新是企业发展的不竭动力。公司具有一个市级的技术中心和船舶设计所、修船设计所、重机设计所三个设计所，船舶设计所同时是中船重工设计研究中心天津分中心，有近 400 名高素质设计人员。公司运用 CAM、CADS5 为设计手段，具有船舶及海洋工程设计、船舶及海工改装设计、重型机械生产设计能力和经历。

天津天大滨海船舶与海洋工程研究院

Tianjin TDBH Naval Architecture and Ocean Engineering Academy

地址：天津市滨海新区塘沽新北路 4668 号
电话：022-25211610
网址：www.tjtdbh.com
邮箱：tdbh2008@126.com

天津天大滨海船舶与海洋工程研究院是一家集“产”“学”“研”于一体的高新技术企业，主要从事船舶及海洋工程装备研发设计、制造、技术咨询服务、船舶修造生产管理和技术支持等业务。

研究院总体目标是：自主研发和成果转化共举，产业化和技术化服务并行。研究院按股份制公司管理模式运行，具有较先进的运行机制和管理机制，具有较强的科研创新及成果转化能力，具有较好的产业化保障能力。研究院的运行模式是通过对各组成单位优势、特点、知识、技术力量的有机整合，建成国内外船舶与海洋工程技术的交流平台、技术创新的平台以及科研成果转化的平台。

烟台派格船舶设计有限公司

地址：山东省烟台市芝罘区荆山路 10 号 -5-103 号　　网址：www.yantaipegasus.com
电话：0535-6022800　　邮箱：drawing@yantaipegasus.com

烟台派格船舶设计有限公司成立于 2004 年初，是山东省船舶工业协会一家以船舶设计专业入选的会员单位，也是山东省船舶工业协会旗下具有国内影响力的民用船舶设计单位。公司自有 900 m^2 舒适办公环境，并拥有一批经验丰富、技术力量雄厚的设计人员，设计软硬件设备设施齐全。

公司秉承“质量为先，诚信为本，客户至上”的服务宗旨，为国内外客户提供送审设计、详细设计和生产设计和船舶监理等技术服务，主要从事客船、客滚船、豪华游艇、自升 / 半潜平台、半潜运输船、浮船坞、挖泥船、拖轮、及各类渔政执法船、渔业捕捞船、渔业运输船、海监船等设计服务。

公司取得了中国农业部甲级设计资质证书，并获得中国船级社 GB/T 19001-ISO9001 质量管理体系认证证书，建立了完善的质量管理体系，全方位地提升管理水平与设计质量。

CIMC RAFFLES 中集来福士海洋工程有限公司

地址：山东省烟台市高新区科技大道 33 号
电话：0535-487 9999　　网站：www.cimc-raffles.com

中集来福士海洋工程有限公司（简称“中集来福士”）前身是 1977 年建成的烟台造船厂，现为中国国际海运集装箱（集团）股份有限公司（简称“中集集团”）全资子公司。目前，公司在烟台、深圳、上海、挪威、瑞典拥有五个海洋研究院，在烟台、海阳、龙口拥有三个建造基地，形成了“五院三地”总体产业格局。公司主营业务包括钻井平台、生产平台、海洋工程船、海上支持船、海洋渔业装备、海上风电装备、豪华游艇和高端游船、海上综合体等各类海洋装备的设计、新建、维修、改造及相关服务，同时涉及装备的运营、租赁等，为客户提供“交钥匙”EPC 总包服务。

黄海造船有限公司

地址：山东省荣成市石岛镇黄海中路 18 号
电话：0631-7375470
网址：www.huanghaiship.com
邮箱：huanghaiship@163.com

黄海造船有限公司，始建于 1944 年，1964 年企业更名为“山东省黄海造船厂”，成为全国八大渔轮修造厂之一。1999 年企业改制为有限责任公司，2007 年，经国家工商行政管理局批准，定名为“黄海造船有限公司”。

公司注册资金 11 亿元，资产总额 32 亿元，占地面积 80 万 m^2，在职职工及外协施工人员近 6 000 人。公司具有国家甲级设计资格；一类甲级建造资质；ISO9001 质量管理和环境；职业健康安全“三合一”的资质体系认证；能源管理体系认证及武器装备质量管理体系，可修造 50 000 DWT 以下各种高技术含量、高附加值船舶。公司具有年造船 50 万 t 的能力，在大洋性和过洋性渔船建造方面，年可建造交付远洋渔船 400 艘，设计及建造能力居国内首位。2010 年公司被确定为山东省船舶生产建造基地龙头骨干企业。

青岛迪玛尔海洋工程有限公司

DMAR ENGINEERING INC.

地址：青岛市高新技术开发区智力岛路1号创业大厦C座5层 网址：www.dmar.cn
电话：0532-68012131 传真：0532-68012251

青岛迪玛尔海洋工程有限公司是美国DMAR Engineering, Inc.（简称“DMAR公司”）在中国青岛设立的分公司，DMAR公司成立于2000年，是世界上最具实力的海洋工程结构设计公司之一，拥有一批高学历，高素质，经验丰富的项目管理人员，工程设计人员，及建造及安装监管人员。DMAR公司的主要技术人员长期以来一直从事海洋工程中最前沿的设计工作，掌握和熟悉海洋工程的先进科技，明确海洋工程领域存在的问题及未来的需求。对工程项目中先进技术及急需设备的需求明确，创造的产品可以快速投入生产，推向市场。在美国DMAR公司是海洋工程领域世界知名的企业，为世界各地区的油公司从事深水海洋工程设备的设计及研发。目前DMAR公司在休斯敦、北京、青岛、吉隆坡等地区设有分公司或办事处。

公司现有员工32人，其中，技术人员28人，国家千人计划1人，研究员和教授级高工8人，高级技术职务人员12人；中级技术职务人员14人；博士8人；硕士16；有6人在海洋工程领域学术组织担任职务并在高校中担任客座教授或者兼职教授；有5人具有美国海洋工程注册工程师证书。

立管

青岛迪玛尔海洋工程有限公司长期以来坚持以创新为基础、以客户至上的工作理念，帮客户解决深水油气田开发中的实际工程问题。公司的工程师先后参与了28个大型深海项目的规划，设计，建造和安装。其中包括17个张力腿平台，7个单筒式平台，和4个半潜式平台。负责设计和管理的工程项目，多次获得工程界的好评，创立了很多世界深海采油技术的第一。目前DMAR公司已具备浮式平台、单点系泊系统、立管与海底管线、水下生产系统等海洋工程全产业链的咨询、设计、制造、测试服务能力。公司的技术成果不但解决了深水油气田开发中的技术难题，并且为我国自主开发深水油气田提供了技术保障，这些成果的工程应用，解决了深水油气田开发中的重大技术难题，并取得了巨大的社会效益和经济效益。

青岛奥海特船舶有限公司

地址：山东省青岛市黄岛区王台工业园　　网址：https://www.allheart.com.cn
电话：0535-6022800　　传真：0532-83131836

青岛奥海特船舶有限公司（简称“奥海特”）坐落于美丽的青岛西海岸国家级新区，是一家整合铝合金游艇设计、研发、生产、销售、服务等全方位解决方案的高新技术船艇制造企业。奥海特铝合金船艇、铝合金拖车的生产规模居于国内前列，所有的标准船型产品均通过了欧盟 CE 安全合格认证，80% 以上出口美国、澳大利亚、欧洲等国家地区。奥海特历来注重产品细节，以客户充分满意为目标，紧跟行业设计前沿，与澳大利亚、新西兰、德国等著名设计师联手打造了多款经典船型。

从 2012 年成立至今，奥海特船艇先后开发了包括漫步者系列、开拓者系列、猎鱼人、启航系列、拓航系列在内长度从 3 m 到 24 m 的工作艇、旅游客船、登陆艇和豪华游艇等 60 多种船型产品；其中代表性的有引航船、巡逻艇、客货两用登陆艇、38 kn 高速客船和销量领先的钓鱼艇。

Emerald numen bulk carrier-39 000 DWT open hatch

大连渔轮公司

Dalian Fishing Vessel Company

地址：大连西岗区沿海街 6 号
电话：0411-82542721
网址：www.dlylgs.com
邮箱：hsdanbao@gmail.com

大连渔轮公司坐落于辽宁省大连市，是中国船舶重工集团有限公司直属的由大连船舶重工集团有限公司托管的全民所有制企业，是我国渔船渔机行业的较大厂家，也是我国远洋渔业渔船建造和维修的基地。

大连渔轮公司自 1907 年成立以来，已经走过了 100 多年。大连渔轮公司一直坚持的自己的管理理论。多年来寻找真理和实践，诚信地对待顾客，依靠雄厚的技术力量和完善的生产设备，通过对渔船几代人的努力，已成为中国所生产的渔船渔机最大的工厂。同时，生产和维修远洋渔业捕捞船，公司业务范围涉及船舶设计、船舶建造、船舶修理、为柴油发动机制造和服务和船舶机电配套产品等。

中远船务工程集团有限公司

COSCO Shipyard Group Co., Ltd.

地址：辽宁省大连市中远路 80 号
网址：www.cosco-shipyard.com
电话：0411-39229999
邮箱：chuanwunews@cosco-shipyard.com

中远船务工程集团有限公司（简称“中远船务集团”）组建于 2001 年 6 月，是中国远洋运输（集团）总公司旗下以大型船舶和海洋工程建造、改装及修理为主业，集船舶配套为一体的大型企业集团。基于专业化的服务和现代化的管理，公司已经成为世界知名航运公司和海洋石油服务供应商首选合作伙伴。

中远船务工程集团有限公司技术中心成立于 2006 年 5 月，是一个集基本设计、详细设计和生产设计及技术咨询服务于一体的船舶和海洋工程技术设计中心，于同年被大连市经济贸易委员会认定为市级企业技术中心。2008 年 9 月 8 号被辽宁省认定为省级企业技术中心。

中远船务集团全系统拥有船体、舾装、轮机、电气等各类专业技术人员 1 900 余人，另有从新加坡、日本和韩国聘请技术专家和顾问 20 余人，他们在船舶和海洋工程设计、开发及制造方面有着丰富的实践经验，技术力量雄厚。

大连船舶重工集团有限公司

DSIC Dalian Shipbuilding Industry Co., Ltd.

地址：大连市海防街1号　　网址：http://www.dsic.cn
电话：0411-84482888　　邮箱：dsic@dsic.cn

大连船舶重工集团有限公司（简称“大船集团”）隶属于中国船舶集团有限公司，是当今中国最大的、国际知名的船舶制造企业，可为用户提供从产品研发、设计、建造，到维修、改装与绿色拆解全寿命周期服务，也是汇聚了军工、民船、海洋工程装备、修/拆船、重工等五大业务板块的装备制造企业集团。

大船集团按照“一总部、三基地”的总体布局，以大连为总部，拥有大连、葫芦岛和山海关三个生产建造基地，并拥有海洋工程装备建造基地、装备制造基地、渔轮和工程船建造基地等专业化产业基地以及钢材加工、舱口盖制作、舾装件制作、船用吊机、甲板机械、爆炸加工等专业化配套基地。资产总额近1 100亿元。

大船集团拥有国家级企业技术中心，由中国工程院院士、中国船舶设计大师领衔的1 100多人研发设计团队，先后自主研发了7代8型VLCC、10 000~20 000 TEU大型集装箱船、300~400 ft自升式钻井平台等国际先进水平的各类船舶和海洋工程产品。大船集团每年承担国家工信部、发改委、科技部等多项重大科研项目。

AL SIDDEEQ

NEW JOURNEY

展翔海事（大连）有限责任公司

Zhanxiang Marine (Dalian)Co.,Ltd.

地址：辽宁省大连市高新园区黄浦路 523 号 海事科技大厦 A2301
电话：0411-39837418　　网址：http://www.zxmarine.cn

展翔海事是一家年轻的铝合金船舶设计和建造企业。公司以德国工艺和技术为主导，面向国内和国际市场，致力于设计和建造各种先进的铝合金工作船、海工船、运输船、轮渡、游艇、观光艇、房艇和钓鱼艇等。

德系的质量控制体系、一流的设计和建造团队期待为您服务。

大连恒星船舶工程设计有限公司

地址：大连市高新园区黄浦路596号阳光数码大厦14-10
电话：0411-39769101-800
联系人：张成昉
网址：www.hxhy.com
传真：0411-84790221
手机：13898498779

大连恒星船舶工程设计有限公司成立于2007年，是专业从事船舶设计；船舶监理；船舶技术进出口；船舶技术咨询与服务等业务的船舶技术企业。公司的业务以海上运输、海上石油、港口疏浚、远洋渔业等特种复杂船舶为主，可为船舶建造、改装、修理提供方案设计、详细设计、生产设计、船舶建造项目策划、船舶工程监理和技术咨询与服务等全程服务，实现造修船的“交钥匙工程”。

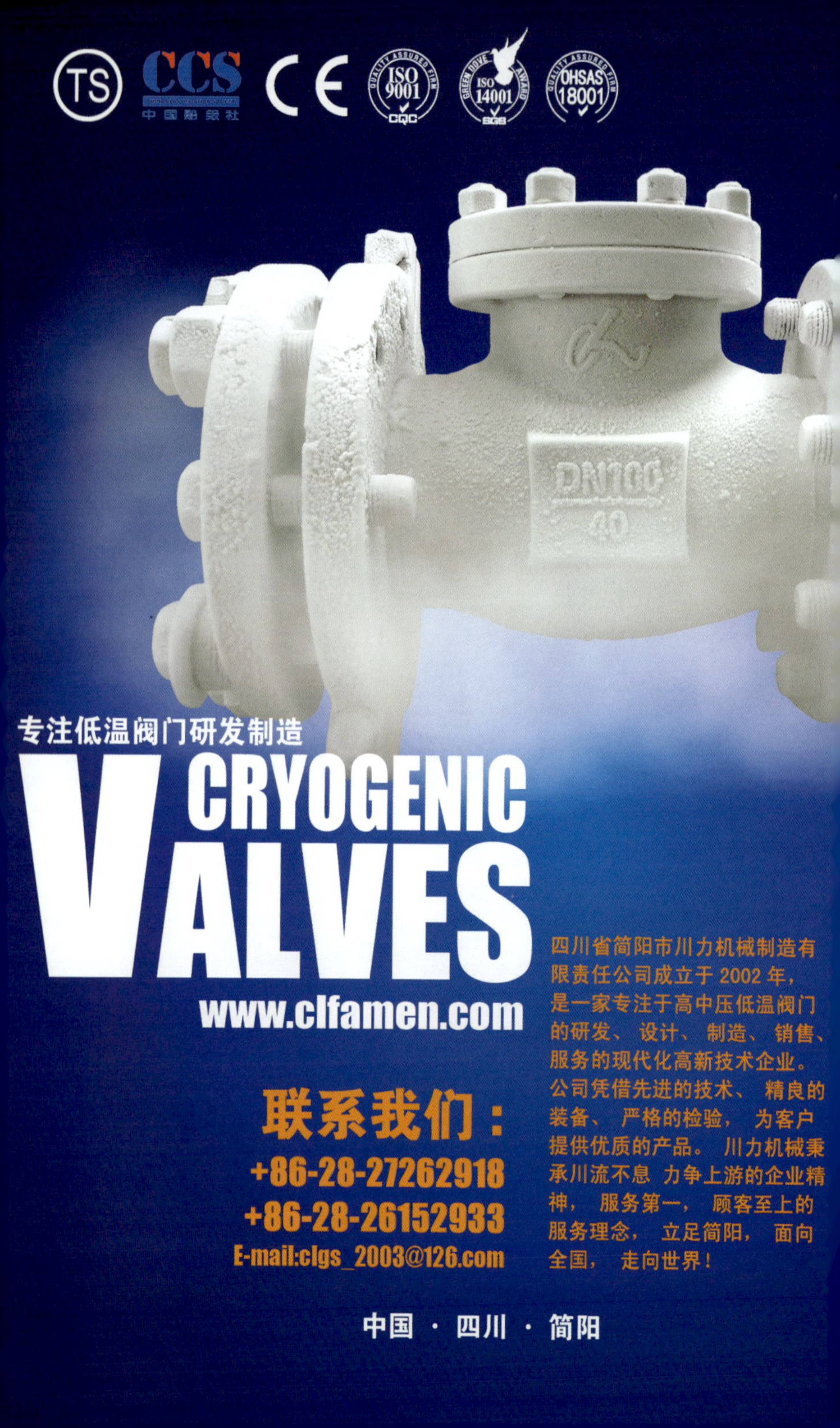
TS
CCS
中国船级社
CE
ISO 9001
CQC
ISO 14001
SGS
OHSAS 18001
DN100
40
专注低温阀门研发制造
CRYOGENIC VALVES
www.clfamen.com
联系我们：
+86-28-27262918
+86-28-26152933
E-mail:clgs_2003@126.com
四川省简阳市川力机械制造有限责任公司成立于 2002 年，是一家专注于高中压低温阀门的研发、设计、制造、销售、服务的现代化高新技术企业。公司凭借先进的技术、精良的装备、严格的检验，为客户提供优质的产品。川力机械秉承川流不息 力争上游的企业精神，服务第一，顾客至上的服务理念，立足简阳，面向全国，走向世界！
中国 · 四川 · 简阳

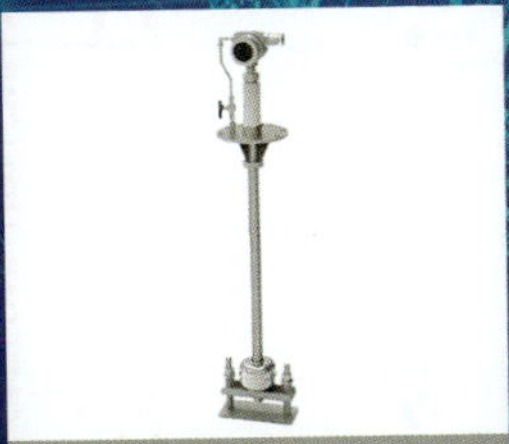

磁致伸缩液位计

RDLY压力式液位传感器

气电式液位测量传感器

电液执行器

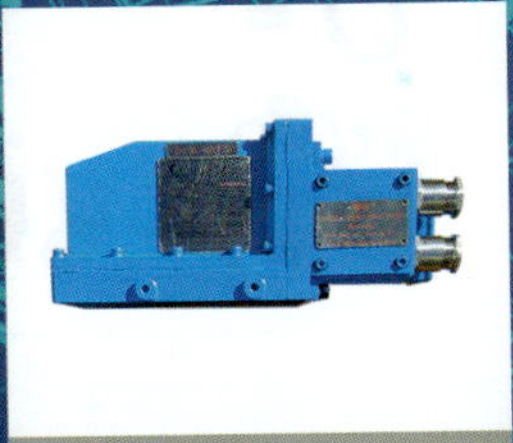

防爆电液执行器

液压执行器

阀门

阀位指示器

永磁磁力偶合器

青岛新城橡胶制品有限公司

青岛新城橡胶制品有限公司成立于1986年，是一家集生产、科研设计、产品开发、技术服务为一体的企业。我公司下属企业新城气囊厂是专业生产载动、浮漂、容储、碰撞等多用途的船用气囊容器的专业厂家，是青岛地区船用下水气囊、船用充气护舷、船用靠球、船用充气靠球生产厂家的龙头企业，拥有专业机械设备多台（密闭式炼胶机,开放式炼胶机,四辊压延机,各种规格的气囊硫化罐,硫化机等）。

公司与国内有关高校和科研部门密切合作，致力于研究开发船舶配套产品。以信誉求生存、以科技求发展、优质的服务、可靠的质量、合理的价格、及时的供货是我公司不断开拓国内外市场的有力保证，热诚欢迎国内外客商前来公司洽谈指导。

心 诚 ®

青岛新城橡胶制品有限公司

地　址：青岛市即墨区龙泉街道办事处204国道288号

联系人：张守恩 总经理　　电 话：0532-88526547

手　机：13706303506　　邮 箱：info@chinaxcxj.com